朱宁◎著

巧用ChatGPT快速提高职场晋升力

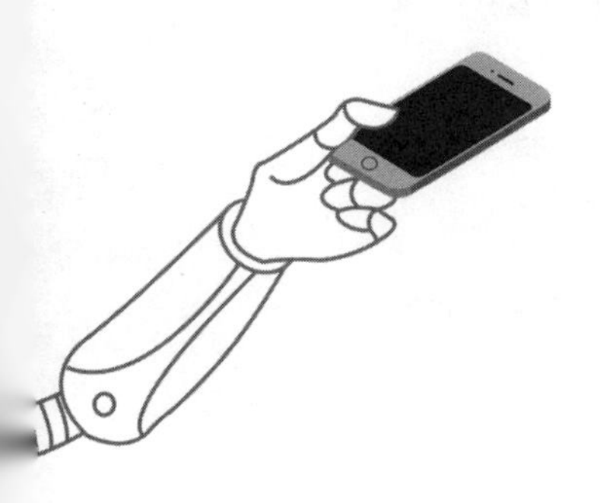

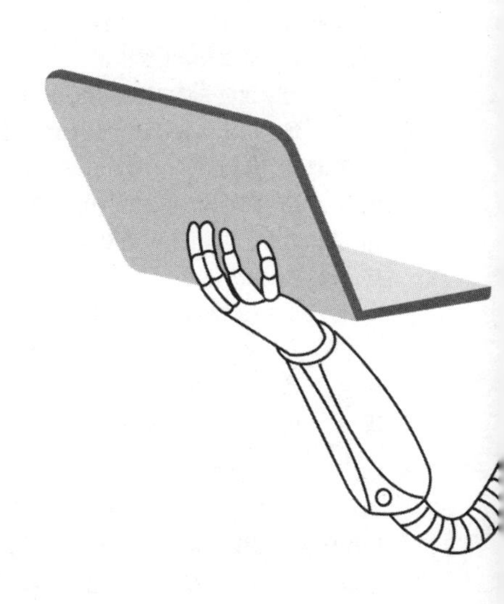

内 容 提 要

本书从ChatGPT的基本知识、技术原理和应用场景出发，详细探讨了如何运用ChatGPT提升职场竞争力。全书共分为10章，内容包括ChatGPT在职场沟通、工作效率、个人品牌价值、职业发展、创意思维、领导力与管理、学习与自我成长、数据分析、服务与谈判等方面的应用。通过阅读本书，读者可以了解到ChatGPT的强大功能和在各领域的实际应用，从而有效提升职场竞争力。

本书内容丰富、实用性强，旨在帮助读者在职场中更好地运用ChatGPT技术。适合职场人士、管理者、开发者及对人工智能技术感兴趣的读者阅读。同时，本书也适用于相关培训机构作为教材使用，助力职场发展。

图书在版编目（CIP）数据

巧用ChatGPT快速提高职场晋升力 / 朱宁著. — 北京 : 北京大学出版社, 2023.9

ISBN 978-7-301-34221-3

Ⅰ. ①巧… Ⅱ. ①朱… Ⅲ. ①人工智能 Ⅳ. ①TP18

中国国家版本馆CIP数据核字(2023)第129436号

书　　名　巧用ChatGPT快速提高职场晋升力
QIAOYONG ChatGPT KUAISU TIGAO ZHICHANG JINSHENGLI

著作责任者　朱　宁　著

责任编辑　刘　云

标准书号　ISBN 978-7-301-34221-3

出版发行　北京大学出版社

地　　址　北京市海淀区成府路205号　100871

网　　址　http://www.pup.cn　新浪微博: @ 北京大学出版社

电子邮箱　编辑部 pup7@pup.cn　总编室 zpup@pup.cn

电　　话　邮购部 010-62752015　发行部 010-62750672　编辑部 010-62570390

印 刷 者　大厂回族自治县彩虹印刷有限公司

经 销 者　新华书店

880毫米×1230毫米　32开本　8印张　209千字

2023年9月第1版　2023年9月第1次印刷

印　　数　1–4000册

定　　价　59.00 元

前言

当今社会，职场竞争愈发激烈，人们需要不断地提升自己的能力和素质以适应不断变化的环境。人工智能（AI）已成为当今科技发展的热点，为职场带来了前所未有的机遇和挑战。ChatGPT 作为一款基于 GPT 架构的大型语言模型，其强大的功能和应用潜力给职场竞争带来了新的思考。

本书旨在帮助职场人士更好地理解和运用 ChatGPT 技术，提高职场竞争力。本书以 ChatGPT 的基本知识、技术原理和应用场景为切入点，详细探讨了如何运用 ChatGPT 在职场沟通、工作效率、个人品牌价值、职业发展等方面取得优势。我们将结合实际案例和操作技巧，为读者展示如何在相关领域中发挥 ChatGPT 的作用。

随着人工智能的爆发，ChatGPT 技术已经成为一种强大且不可或缺的工具。它能极大地提高我们的沟通效率，减轻我们的工作负担，并能提升我们的专业素养。从撰写高质量的报告、做出明智的决策到优化工作流程、拓展人际网络，ChatGPT 在很多方面都能给我们的职业生涯带来积极的影响和巨大的价值。

通过本书，我们希望为读者提供一个全面、实用的 ChatGPT 应用指南，助力职场人士在竞争激烈的环境中脱颖而出。

这本书的特色

- **实用性强：**本书通过实际案例和操作技巧，使读者能够快速上手并灵活运用 ChatGPT 技术，提升职场竞争力。
- **深入浅出：**本书以通俗易懂的语言解释 ChatGPT 的原理和应用，

使职场新手也能轻松掌握。

- **高效学习：**本书结构紧凑，内容精练，便于读者快速理解和掌握，无须花费大量时间。
- **融合行业经验：**本书结合了作者多年的职场经验，为读者提供了独到的见解和实用建议，帮助读者在职场中快速取得优势。
- **适用人群广泛：**无论职场新人、管理者、开发者，还是对人工智能技术感兴趣的读者，本书都能为您提供有益的启示和指导。
- **赠送代码：**本书所涉及资源已上传至百度网盘供读者下载，请读者关注封底“博雅读书社”微信公众号，找到“资源下载”栏目，输入图书 77 页的资源下载码，根据提示获取。

本书读者对象

- **职场人士：**希望提升沟通能力、工作效率、个人品牌价值、职业发展等方面的人士。
- **管理者：**期望运用 ChatGPT 技术提升团队绩效和管理水平的领导者。
- **开发者：**对 ChatGPT 技术感兴趣，希望掌握其应用场景和实践方法的开发人员。
- **对人工智能技能感兴趣的读者：**希望了解 ChatGPT 技术及如何将其应用于职场的广大读者。

致谢

在我编写本书的过程中，我的家人们一直在背后默默地支持着我，为我排忧解难，让我能够专注于写作。在这本书完成之际，我想要向我的家人们表达最深的感激之情。感谢他们一直以来的支持和鼓励，让我在职场中保持积极向上的态度，不断学习和进步。

目录

第1章 ChatGPT 的基本知识、技术原理和应用场景

第1章

ChatGPT 的基本知识、技术原理和应用场景

随着人工智能的快速发展，自然语言处理技术的应用越来越广泛，其中 ChatGPT 作为一款具有强大功能的语言模型，已经引起了各行各业的广泛关注。本书旨在探讨如何利用 ChatGPT 提升职场竞争力，助力人们在工作中更好地应对各种挑战。

本章主要介绍了 ChatGPT 的基本知识、技术原理和应用场景，重点涉及以下知识点：

- ChatGPT 的定义与 ChatGPT 算法的核心思想；
- ChatGPT 在自然语言处理领域的广泛应用，如机器翻译、文本摘要、语音识别等；
- ChatGPT 在教育、医疗等领域的实际应用，如在线教育和健康咨询等。

通过本章的学习，你将对 ChatGPT 有全面的了解，从而能够更好地利用这一先进的人工智能技术提升职场竞争力。

1.1 什么是 ChatGPT

ChatGPT 是 OpenAI 开发的一款基于人工智能（Artificial Intelligence，AI）的自然语言处理工具，能够理解并生成类似人类的自然语言。它使用了强大的语言模型，拥有数以千亿计的参数，从而实现了高度准确和流畅的对话体验。作为一款大型语言模型（Large Language Model，LLM），ChatGPT 在各个领域都有广泛的应用，包括但不限于机器翻译、文本摘要、语音识别和情感分析等。通过对大量文本数据的学习，

ChatGPT 能够理解语言的语法、语义和一定程度的上下文信息，从而在回答问题、编写文章或者与人类进行自然对话等任务上表现出色。随着版本的升级，ChatGPT 还可能在未来拥有处理图片等多模态信息的能力，为用户带来更加丰富的交互体验，其 Logo 如图 1.1 所示。

图 1.1　ChatGPT 的 Logo

进入 ChatGPT 的聊天界面后，点击【+New chat】，新建一个聊天窗口，然后在输入框中输入文字，点击发送后就可以和 ChatGPT 进行交互了，如图 1.2 所示。因为 ChatGPT 是支持读取上下文信息的，所以它会记录当前聊天窗口中的所有聊天信息，并根据先前的记录作答。这一特性使 ChatGPT 具备很强的操作性，具体的细节我们将在后面的章节中详细讲解。

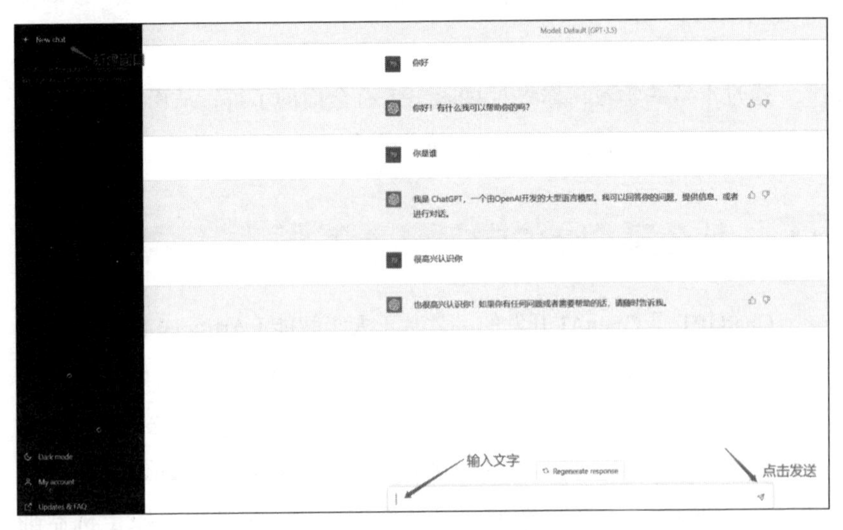

图 1.2　ChatGPT 聊天界面

⚠ 注意：关于如何申请 ChatGPT 账号，本书不做过多讲解。值得一提的是，若读者已有 ChatGPT 账号，并将其升级为 ChatGPT Plus，除了可以更快地使用 GPT-3.5 模型（ChatGPT 是基于 GPT-3.5 架构的大语言模型）外，还能体验到性能更优的 GPT-4 模型，如图 1.3 所示。

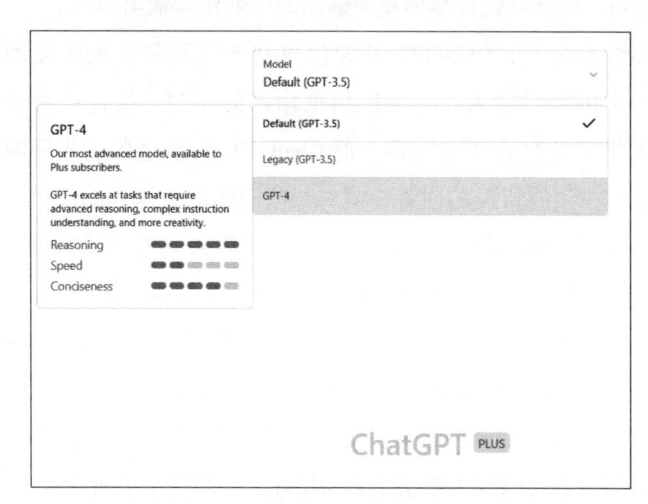

图 1.3 ChatGPT Plus 和 GPT-4

1.2 ChatGPT 算法的核心思想

ChatGPT 算法的核心思想是通过大量的文本数据训练深度学习模型，使其能够理解和生成类似人类的自然语言。它基于 GPT（生成式预训练 Transformer 模型）架构，这是一种自注意力机制和 Transformer 网络的结合，可以捕捉文本中长距离的依赖关系。

具体来说，ChatGPT 使用了自回归语言建模，其目标是预测给定上下文中下一个词的概率分布。在训练过程中，模型通过大量文本数据进行预训练，学习词汇、语法、语义及其他各种知识。预训练完成后，通过对模型进行微调，使其能够更好地适应特定任务，如回答问题、生成对话等。

为了实现高质量的语言生成，ChatGPT 使用了一种名叫束搜索的方法来生成文本。在生成过程中，模型会根据当前的上下文和概率分布选择若干个最可能的词汇，然后继续生成后续的词汇。这个过程会生成多个候选序列，最终会选择整体概率最高的序列作为输出结果。

值得注意的是，ChatGPT 并非仅仅基于规则和模板生成回答，而是具有一定的推理能力。它可以根据输入的问题，结合自身学到的知识，生成相关且有意义的回答。但 ChatGPT 仍然存在一些局限性，如可能产生不一致或错误的回答，或对某些问题缺乏深入的理解。因此研发 ChatGPT 的 OpenAI 公司 使用了人类反馈强化学习（Reinforcement Learning from Human Feedback，RLHF）的训练方法，如图 1.4 所示。该方法在训练中通过人类反馈，最小化无益、失真或带有偏见的输出。通过 RLHF，ChatGPT 能够更好地利用其内部蕴含的知识，实现人工智能和人类偏好之间的同步与协调，从而提高对话系统的通用性和便利性。这使 ChatGPT 在短时间内吸引了大量用户，并取得了显著的成功。

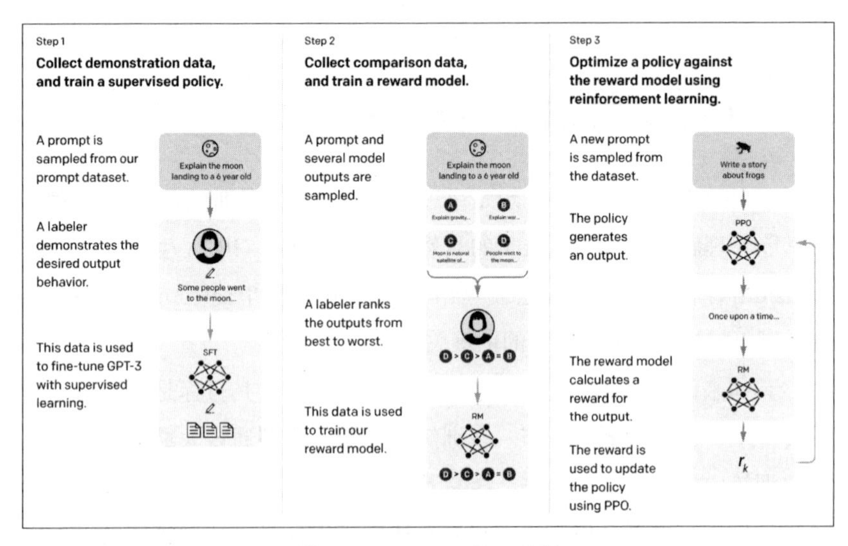

图 1.4　ChatGPT 核心思想

1.3 ChatGPT 在自然语言处理领域的应用

ChatGPT 作为一个强大的自然语言处理模型，在多个领域都有着广泛的应用。从简单的文本生成到复杂的数字处理任务，它都能提供高质量的结果。

1.3.1 机器翻译

机器翻译是将一种语言的文本自动翻译成另一种语言。ChatGPT 在机器翻译方面表现优异，能够理解源语言的语法、词汇和语义信息，准确地将其翻译成目标语言。同时，ChatGPT 能够处理各种类型的文本，如新闻报道、小说、社交媒体内容等。通过使用 ChatGPT 进行机器翻译，用户可以在短时间内翻译大量文本，降低成本并提高效率。以下是 ChatGPT 在机器翻译领域的一些详细应用场景和实例。

（1）新闻报道翻译：ChatGPT 能够帮助用户将外语新闻报道翻译成本地语言，使更多人了解国际事件，同时也可以将本地新闻翻译成外语，方便国际受众了解本地动态。

（2）小说和电影字幕翻译：使用 ChatGPT 进行小说和电影字幕的翻译，可以使国外作品更容易被本地观众欣赏，拓宽文化交流的渠道。

（3）社交媒体内容翻译：ChatGPT 可以帮助用户翻译社交媒体上的各种内容，如推文、博客文章和评论等，让用户更好地与国际社交网络互动。

（4）商务文件翻译：ChatGPT 可以协助企业翻译各种商务文件，如合同、报告和说明书等，提高跨国企业沟通的效率。

（5）旅行指南和导游翻译：ChatGPT 可以为旅行者提供旅行指南和导游翻译服务，帮助他们更轻松地游览异国他乡。

[!] 注意：虽然 ChatGPT 在机器翻译方面具有较高的准确性，但可能存在一定的错误。因此，在涉及重要文件或专业领域的翻译时，建议用户寻求专业人士的帮助。

1.3.2 文本摘要

文本摘要是从一篇文章中提取主要信息，生成简洁、易懂的概要。ChatGPT 能够理解文本的主旨，自动生成有代表性的摘要。这对于那些需要阅读大量资料的职场人士来说非常有用，因为它可以帮助他们快速获取关键信息，节省时间。以下是 ChatGPT 在文本摘要领域的一些详细应用场景和实例。

（1）新闻摘要：ChatGPT 可以帮助用户快速提取新闻报道中的关键信息，生成简洁的摘要，让用户在短时间内了解新闻要点。

（2）研究报告摘要：对于学术和商业研究报告，ChatGPT 可以自动生成摘要，突出报告中的主要发现、结论和建议，帮助读者迅速了解报告内容。

（3）会议记录摘要：ChatGPT 可以从会议记录中提取关键信息，生成摘要，方便参会者回顾会议内容和讨论要点。

（4）图书摘要：ChatGPT 可以为用户提供图书摘要，让他们在阅读前了解图书的主要观点和结构，提高阅读效率。

（5）教学资料摘要：ChatGPT 可以帮助教师和学生从教学资料中提取关键信息，生成简洁的摘要，方便复习和教学准备。

在某些情况下，文本摘要可能无法涵盖文章中的所有重要信息，因此用户仍需要根据具体需求判断是否需要阅读全文。在涉及重要决策或需要深入了解的情况下，建议用户仔细阅读原文。

1.3.3 语音识别

语音识别是将人类的语音转换为可读的文本的过程。ChatGPT 通过对大量的语音数据进行训练，能够准确地识别不同口音、语速和语言环境下的语音信息。在职场中，语音识别功能可以用于会议记录、电话会议转录和语音助手等多种场景，提高工作效率。以下是 ChatGPT 在语音识别领域的一些详细应用场景和实例。

（1）现场会议记录：ChatGPT 可以实时将会议上的讨论内容转化为文本记录，方便参会者回顾讨论要点和制订后续行动计划。

（2）电话会议转录：通过 ChatGPT 的语音识别功能，用户可以将电话会议的对话内容转换为文本，以便查找和回顾讨论内容。

（3）语音助手：ChatGPT 可以作为语音助手，通过识别用户的语音指令来执行任务，如发送邮件、设置提醒、搜索信息等，提高工作效率。

（4）语音转文字服务：ChatGPT 可以将用户的语音笔记、讲座录音等转换为文字，方便用户整理和分享知识。

（5）客户服务与支持：ChatGPT 可以应用于客户服务中心，通过识别客户的语音询问来提供快速、准确的回答和解决方案。

在某些情况下，如极端噪声环境或非标准语音输入时，语音识别可能存在一定的误差。因此，在涉及重要信息或决策的场合，建议用户核实识别结果以确保准确性。

1.3.4 信息检索

信息检索是从大量文档中查找与特定主题或问题相关的信息。ChatGPT 能够理解用户的查询意图，从海量数据中快速、准确地找到相关信息，对职场人士在研究、解决问题或寻找新的业务机会时非常有帮助。以下是 ChatGPT 在信息检索领域的一些详细应用场景和实例。

（1）研究资料查找：ChatGPT 可以帮助职场人士快速查找学术论文、报告或其他研究资料，从而节省时间并提高研究效率。

（2）解决问题：当遇到技术难题或业务问题时，ChatGPT 可以从知识库和相关资源中检索解决方案，为用户提供实用的建议。

（3）市场分析：ChatGPT 可以从互联网和企业内部数据中检索与行业趋势、竞争对手和客户需求相关的信息，帮助用户进行市场分析和制订业务策略。

（4）法律信息查询：ChatGPT 可以从法律数据库中检索相关法规、案例和解释，为用户提供法律咨询和指导。

（5）产品开发：ChatGPT 可以帮助用户从专利数据库、技术论坛和行业报告中获取创新点子和技术信息，为产品开发提供参考。

用户可以利用 ChatGPT 在各种场合实现高效的信息检索，提高工作效率。在某些情况下，信息检索的结果可能无法涵盖所有相关信息或存在误差，因此，在涉及重要决策或需要深入了解的情况下，建议用户仔细核查检索结果，并结合其他信息来源进行评估。

1.3.5 情感分析

情感分析是识别和分析文本中的情感倾向（正面、负面或中性）。ChatGPT 通过对大量文本进行学习，能够识别出不同类型文本中的情感表达。在职场中，ChatGPT 可以用于客户反馈分析、品牌声誉监测和员工满意度调查等方面，帮助企业更好地了解客户和员工的需求。以下是 ChatGPT 在情感分析领域的一些详细应用场景和实例。

（1）客户反馈分析：ChatGPT 可以分析客户在社交媒体、评论网站和问卷调查中的反馈，帮助企业了解客户的满意度和改进需求。

（2）品牌声誉监测：ChatGPT 可以监测互联网上关于企业品牌的讨论和评价，识别正面和负面的声誉信息，为企业提供有关品牌形象的实时反馈。

（3）员工满意度调查：通过对员工的内部沟通、调查问卷和意见反馈进行情感分析，ChatGPT 可以帮助企业了解员工的工作满意度，并提供改进建议。

（4）市场情绪分析：ChatGPT 可以分析市场相关的新闻报道、社交媒体讨论和行业报告，为企业提供关于市场趋势和投资者情绪的分析。

（5）客户服务质量评估：ChatGPT 可以分析客户与客服人员的对话记录，了解客户在服务过程中的情感变化，为提高客户服务质量提供依据。

注意：在进行情感分析时，可能会受到讽刺类词语、口语化表达或模糊措辞等因素的影响，导致分析结果的准确性受到一定程度的挑战，因此，建议在关键决策过程中结合其他信息来源进行综合评估。

1.3.6 对话系统

对话系统是一种可以与人类进行自然语言对话的智能系统。ChatGPT 在对话系统领域具有显著的优势，因为它能够理解和生成自然、流畅的语言。在职场中，对话系统可以应用于客户服务、技术支持、虚拟助手等服务场景。通过使用 ChatGPT 构建的对话系统，企业可以提供更高效、个性化的客户服务，降低人力成本，提高客户满意度。以下是 ChatGPT 在对话系统领域的一些详细应用场景和实例。

（1）客户服务：ChatGPT 可以作为在线客服代表，处理客户的咨询、投诉和建议。通过实时解答问题、提供解决方案，ChatGPT 可以帮助企业提高客户满意度和忠诚度。

（2）技术支持：ChatGPT 可以协助技术支持团队，解答客户关于产品和服务的技术问题。通过提供详细的故障排查指导和操作建议，ChatGPT 可以帮助客户解决技术难题，降低客户对人工技术支持的依赖。

（3）虚拟助手：ChatGPT 可以作为职场虚拟助手，协助员工管理日程、安排会议、回答常见问题等。这可以提高员工的工作效率，为他们节省时间，从而能够专注于更重要的工作任务。

（4）内部知识库：ChatGPT 可以作为企业内部知识库的智能问答系统，帮助员工快速查询公司政策、产品信息和操作流程等。这可以提高员工的自助查询能力，减轻人力资源和培训部门的工作压力。

（5）市场调研：ChatGPT 可以通过与潜在客户的在线互动，收集关于市场趋势、产品需求和竞争对手的信息。这可以帮助企业更好地了解市场环境，制定有效的市场战略。

[!] 注意：在对话系统中，ChatGPT 可能会在某些情况下产生不准确或不适当的回答，因此在关键业务场景中，仍需要结合人工智能与人类专业知识共同做出决策。

1.3.7 文本分类

文本分类是将文本自动分配到预定义类别的任务。ChatGPT 可用于对文本进行分类，如将邮件分类为垃圾邮件或优先级邮件。在职场中，文本分类功能可以帮助企业自动处理大量信息，提高工作效率。以下是 ChatGPT 在文本分类领域的一些详细应用场景和实例。

（1）邮件分类：ChatGPT 可以根据邮件内容自动将邮件分类为垃圾邮件、优先级邮件、工作邮件或个人邮件等。这可以帮助用户更高效地管理收件箱，关注重要邮件。

（2）情感分析：ChatGPT 可以将文本根据其情感倾向（正面、负面或中性）进行分类。企业可以利用情感分析为客户反馈、产品评论和社交媒体监控等场景提供有价值的见解。

（3）标签生成：ChatGPT 可以根据文本内容为文章、博客或新闻生成相应的标签。这有助于改善内容的组织和导航，便于用户快速找到他们感兴趣的信息。

（4）文档管理：ChatGPT 可以在企业的内部文档管理系统中自动对文档进行分类。通过识别文档的主题、关键词和作者等属性，ChatGPT 可以将文档归类到相应的文件夹或项目，提高文档检索效率。

（5）客户支持：ChatGPT 可以对客户提出的问题进行分类，将问题分配给相应的支持团队或部门。这可以帮助企业更快地解决客户问题，提高客户满意度。

1.3.8 自动生成问答

ChatGPT可以根据给定的信息自动生成有针对性的问答。在职场中，这种功能可以用于制作FAQ（Frequently Asked Questions，常见问题解答）文档、在线教程或知识库，帮助用户更快地找到所需信息。以下是ChatGPT在自动生成问答领域的一些详细应用场景和实例。

（1）FAQ文档：通过使用ChatGPT，企业可以根据产品或服务的特点自动生成针对常见问题的问答，从而帮助客户更好地了解企业的产品和服务。这有助于提高客户满意度和降低客户支持成本。

（2）在线教程：ChatGPT可以根据教程内容自动生成相关的问答，帮助学习者测试和巩固所学知识。这对于在线学习平台非常有价值。

（3）知识库：ChatGPT可以协助企业构建知识库，自动生成与业务相关的问题和答案。这可以帮助员工提高工作效率。

（4）客户服务：ChatGPT可以为客户支持团队生成针对特定问题的答案，从而提高客户服务的响应速度和质量。此外，ChatGPT还可以与聊天机器人集成，以提供实时的自动问答服务。

（5）技术支持：ChatGPT可以帮助技术支持团队自动生成针对常见技术问题的解决方案，从而减轻技术支持人员的工作负担，提高问题解决效率。

（6）产品开发：在产品开发过程中，ChatGPT可以根据产品需求和设计生成相关的问答，有助于产品团队更好地理解和沟通产品功能。

（7）培训和指导：ChatGPT可以为企业内部培训和员工指导生成针对性的问答，帮助员工更好地掌握公司政策、流程和工作技能。

1.3.9 个性化推荐

通过分析用户行为和喜好，ChatGPT可以为用户提供个性化的内容推荐。在职场中，这种功能可以用于为个人推荐相关培训材料、行业动态和工作机会等，帮助个人不断提升职场竞争力。以下是 ChatGPT 在个性化推荐领域的一些详细应用场景和实例。

（1）培训材料推荐：ChatGPT 可以分析个人的学习行为和需求，推荐合适的培训课程、在线教程或专业书籍。这有助于我们更有效地学习知识和提升职业技能。

（2）行业动态推荐：ChatGPT 可以根据个人的职业领域和兴趣，推荐相关的行业新闻、研究报告和市场分析。这可以帮助我们了解行业发展趋势，把握商业机会。

（3）工作机会推荐：ChatGPT 可以分析个人的职业发展需求和职业技能，推荐合适的工作机会。这有助于我们更好地规划职业生涯，提高职场满意度。

（4）内部资源推荐：ChatGPT 可以为员工推荐公司内部的资源，如最佳实践、政策手册和工具。这有助于员工更快地找到所需信息，提高工作效率。

（5）同事互助推荐：ChatGPT 可以分析员工之间的技能和经验，推荐合适的同事进行协作或求助。这有助于加强团队协作，提高工作效果。

（6）会议和活动推荐：ChatGPT 可以根据个人的兴趣和职业发展需求，推荐相关的行业会议、培训活动和社交活动。这有助于我们扩展人脉，提升个人品牌。

1.4 ChatGPT 在人工智能助手领域的应用

ChatGPT 在人工智能助手领域有着广泛的应用，可以协助企业和个人处理各种任务，提高效率。以下是 ChatGPT 在人工智能助手领域的一些主要应用场景。

1.4.1 智能客服

智能客服系统是企业提供在线客户服务的重要手段，ChatGPT 作为自然语言处理领域的佼佼者，在构建智能客服系统方面具有巨大优势。以下是 ChatGPT 在智能客服领域的一些详细应用场景和实例。

（1）在线客服：ChatGPT 可以作为企业的在线客服代表，处理客户的咨询、投诉和建议。通过实时解答问题、提供解决方案，ChatGPT 可以帮助企业提高客户满意度和忠诚度。

（2）智能问答：ChatGPT 可以为客户提供针对性的问答服务，根据客户提出的问题自动生成答案，从而提高客户服务的响应速度和质量。此外，ChatGPT 还可以与聊天机器人集成，提供更为智能化的问答服务。

（3）语音客服：ChatGPT 可以将语音转换成文本，并利用其强大的自然语言处理能力为客户提供服务。这种语音客服系统可以为企业提供更为便捷、高效的客户服务，使客户得到更好的体验。

（4）社交媒体客服：ChatGPT 可以协助企业在社交媒体平台上为客户提供服务。通过自动生成问题的答案，ChatGPT 可以帮助企业更好地理解客户需求，提高客户满意度和忠诚度。

（5）多语言客服：ChatGPT 具有出色的跨语言处理能力，可以为企业提供多语言客服服务。这可以帮助企业更好地服务于全球客户，拓展国际市场。

通过以上应用场景，企业可以充分利用 ChatGPT 在智能客服领域的优势，提高客户满意度，降低人力成本，并实现全天候在线服务。

1.4.2 语音助手

语音助手是一种能够理解并执行用户通过语音发出的命令的智能设备。ChatGPT 具有强大的语音识别和自然语言理解能力，可以用于开发智能语音助手，如智能音箱、智能手机助手等。以下是 ChatGPT 在语音助手领域的一些详细应用场景和实例。

（1）智能音箱：ChatGPT 可以作为智能音箱的核心，理解用户通过语音发出的命令，并执行相应的操作。用户可以通过语音指令查询天气、听新闻、播放音乐、控制家居设备等，使生活更加便捷和智能化。

（2）智能手机助手：ChatGPT 可以作为智能手机助手的核心，为用户提供更为便捷的语音操作体验。用户可以通过语音指令拨打电话、发送短信、设置提醒、查询日历等，从而提高生活和工作效率。

（3）智能家居：ChatGPT 可以与智能家居设备集成，使用户通过语音指令控制家居设备。例如，用户可以通过语音指令打开电灯、调节温度、关闭窗帘等，使家居更加智能化。

（4）智能车载助手：ChatGPT 可以作为智能车载助手的核心，为驾驶员提供更为便捷的语音操作体验。驾驶员可以通过语音指令导航等，从而提高行车效率。

（5）智能健康助手：ChatGPT 可以作为智能健康助手的核心，为用户提供更为个性化的健康管理服务。用户可以通过语音指令查询健康数据、制订健康计划、提醒用药等，从而更好地管理自己的健康。

1.4.3 个人助手

对于个人用户而言，智能个人助手是一种可以为用户提供更为便捷、高效的生活和工作管理工具。ChatGPT 可以作为智能个人助手的核心，通过语音或文本输入等方式与用户进行交互，为用户提供智能化的个人助手服务。以下是 ChatGPT 在个人助手领域的一些详细应用场景和实例。

（1）个人财务管理：ChatGPT 可以帮助用户管理个人财务，如记录收支、生成财务报表等。用户可以通过语音或文本输入方式告诉 ChatGPT 自己的财务情况，ChatGPT 会根据用户的情况为其提供个性化的财务管理方案。

（2）个人知识库：ChatGPT 可以为用户构建个人知识库，帮助用户快速查找、记录和管理个人知识。用户可以通过语音或文本输入方式告诉 ChatGPT 需要保存的信息，ChatGPT 会为其创建相应的知识条目，便于用户日后查找和使用。

（3）购物助手：ChatGPT 可以作为购物助手，帮助用户查找、比较、推荐商品等。用户可以通过语音或文本输入方式告诉 ChatGPT 需要购买的商品，ChatGPT 会根据用户的要求为其提供相应的商品信息和购买建议。

1.4.4 内容创作与编辑

ChatGPT 可以用于辅助用户进行内容创作和编辑，包括写作、修改和审阅文章。通过理解用户的意图和需求，ChatGPT 可以生成符合要求的文本，帮助用户提高写作效率。以下是 ChatGPT 在内容创作与编辑领域中的一些详细的应用场景和实例。

（1）文本生成：ChatGPT 可以根据用户输入的关键字、主题或大纲等信息生成符合要求的文本，帮助用户快速撰写文本内容。在职场中，这种功能可以用于创建营销材料、撰写新闻稿件等。

（2）文本修改：ChatGPT 可以协助用户对文本进行修改和润色，帮助用户提高文章的质量。在职场中，这种功能可以用于审阅报告、修订合同、编辑公司宣传材料等。

（3）语法检查：ChatGPT 可以检查文本中的语法错误和拼写错误，帮助用户提高文本的准确性和可读性。在职场中，这种功能可以用于审阅合同、检查公司文件、编辑邮件等。

（4）自动摘要：ChatGPT 可以生成文本的自动摘要，帮助用户快速了解文本的主要内容和要点。在职场中，这种功能可以用于快速浏览报告、新闻稿件等。

（5）翻译服务：ChatGPT 可以将文本翻译成多种语言，帮助用户在国际交流中更好地沟通。在职场中，这种功能可以用于翻译邮件、合同、产品说明书等。

1.4.5 数据分析与报告生成

ChatGPT 可以协助用户进行数据分析与报告生成，将复杂数字信息转化为易懂的文本和可视化内容。通过自动识别关键数据点和趋势，ChatGPT 可以生成简洁明了的数据分析报告，帮助用户更好地理解数据和做出决策。以下是 ChatGPT 在数据分析与报告生成领域中的一些详细的应用场景和实例。

（1）数据可视化：ChatGPT 可以将数据可视化，以图表、表格等形式展示数据，帮助用户更好地理解数据趋势和关系。在职场中，这种功能可以用于制作业务报告、制订市场策略、监测企业业绩等。

（2）自动摘要：ChatGPT 可以自动生成数据分析报告的摘要，帮助用户更快地了解数据分析结果和主要发现。在职场中，这种功能可以用于制作月度或季度业绩报告、市场分析报告等。

（3）数据预测：ChatGPT 可以基于历史数据和趋势分析，预测未来的数据变化和趋势，帮助用户做出更加准确的决策。在职场中，这种功能可以用于制订业务计划、预测销售额和分析市场需求等。

（4）数据挖掘：ChatGPT 可以通过自动识别关键数据点和趋势，挖掘潜在的数据分析结果和发现。在职场中，这种功能可以用于探索市场趋势、了解消费者行为等。

（5）自动生成报告：ChatGPT 可以自动生成数据分析报告，包括报告的排版、文本描述和图表展示等。在职场中，这种功能可以用于制作月度或季度业绩报告、市场分析报告等。

1.4.6 社交媒体管理

ChatGPT 可以用于社交媒体管理，自动生成吸引人的文案、发布计划和互动策略。通过分析用户的喜好和社交网络状况，ChatGPT 可以提供有针对性的内容建议，帮助企业和个人在社交媒体上提升影响力。以下是 ChatGPT 在社交媒体管理领域中的一些具体应用场景和实例。

（1）社交媒体发布：ChatGPT 可以协助企业自动生成社交媒体帖子的文案，提供关键词和标签建议，并根据受众特征和内容趋势生成发布计划。这可以帮助企业提高社交媒体发布效率和质量，吸引更多的受众关注和参与。

（2）社交媒体互动：ChatGPT 可以帮助企业和个人自动生成社交媒体互动策略，包括点赞、评论和私信等。通过分析受众喜好和互动行为，ChatGPT 可以提供有针对性的建议，增加受众参与度和忠诚度。

（3）社交媒体分析：ChatGPT 可以协助企业和个人分析社交媒体数据，包括受众特征、内容趋势、品牌声誉等方面。通过自动识别关键数据点和趋势，ChatGPT 可以生成简洁明了的数据分析报告，帮助用户更好地理解数据和制定策略。

（4）竞争对手分析：ChatGPT 可以协助企业分析竞争对手在社交媒体上的表现，包括受众特征、内容策略、互动行为等方面。通过比较分析，企业可以了解自身和竞争对手在比较中的优势和劣势，从而调整自身的社交媒体策略。

1.4.7 智能编程助手

ChatGPT 可以作为智能编程助手，协助开发人员解决编程问题、提供代码建议和优化代码。通过理解开发人员的需求和代码上下文，ChatGPT 可以生成高质量的代码片段。在职场中，这种功能对于提高软件开发速度、降低开发成本和提升代码质量具有重要意义。ChatGPT 作为智能编程助手，可以应用于以下具体场景和实例。

（1）代码建议：ChatGPT 可以根据开发人员输入的代码和上下文，生成相应的代码建议和改进意见，帮助开发人员更快地找到问题并解决问题。

（2）自动化编码：ChatGPT 可以根据给定的需求和规范，自动生成相应的代码，帮助开发人员快速构建软件原型和样板。

（3）代码审核：ChatGPT 可以对代码进行自动审核，识别潜在的漏洞和错误，并生成相应的建议和修复方案。

（4）自动文档化：ChatGPT 可以根据代码和注释自动生成相应的文档，帮助开发人员更好地理解和维护代码。

（5）问题诊断：ChatGPT 可以分析代码执行过程中的问题和错误，生成相应的问题诊断报告，并提供解决方案。

1.5 ChatGPT 在教育、医疗等领域的应用

ChatGPT 在教育和医疗领域也有广泛的应用，可以为学生、教师、医生和患者等提供智能、高效的服务。以下是 ChatGPT 在教育和医疗领域的一些主要应用场景。

1.5.1 在线教育

ChatGPT 在在线教育领域具有巨大潜力，可以为学生提供个性化的学习支持和实时答疑。以下是 ChatGPT 在在线教育中的一些详细应用场景和实例。

（1）实时答疑：学生在学习过程中可能会遇到各种问题，ChatGPT 可以快速响应并为学生提供详细的解答。例如，学生在学习数学时遇到一个难以解决的问题，ChatGPT 可以帮助他们理解问题背后的概念并提供解题步骤。

（2）学习资源推荐：根据学生的学习需求和兴趣，ChatGPT 可以推荐相关的学习资源，如教材、在线课程、视频教程等。例如，一个学生对编程感兴趣，ChatGPT 可以根据他的水平和兴趣推荐相应的编程课程和项目实践。

（3）学习计划定制：ChatGPT 可以根据学生的需求、时间和进度，为他们制订个性化的学习计划。例如，一个高中生需要在 3 个月内提高英语水平，ChatGPT 可以为他设计一个适合的学习计划，包括词汇积累、阅读训练和口语练习等。

（4）作业批改和学生评估：ChatGPT 可以帮助教师进行作业批改，通过分析学生的作业表现，为教师提供有关学生的学习进度和能力水平的反馈。例如，在批改英语作文时，ChatGPT 可以检查语法错误、评估文章结构并给出改进建议。

（5）课程设计和内容生成：ChatGPT 可以帮助教师设计课程大纲、教学活动和评估标准，同时生成教学材料，如讲义、试题和案例分析等。例如，一个教师想要设计一门关于人工智能的课程，ChatGPT 可以提供相关领域的最新研究成果、实际应用案例和教学方法。

1.5.2 健康咨询

ChatGPT 在医疗健康咨询领域的应用可以为用户提供基本的健康建议和疾病预防信息。以下是 ChatGPT 在健康咨询中的一些详细应用场景和实例。

（1）症状解析：用户可以向 ChatGPT 描述自己的症状，如头痛、发热等。ChatGPT 可以根据用户症状为其提供可能的原因和建议，如保持充足的休息、多喝水等。然而，这些建议仅供参考，不能替代专业医生的诊断。

（2）疾病预防和健康建议：ChatGPT 可以为用户提供疾病预防措施和健康生活方式建议，如饮食均衡、适量运动等。例如，对于糖尿病患者，

ChatGPT 可以提供低糖饮食和运动方案的建议。

（3）药物信息查询：用户可以询问 ChatGPT 关于药物的使用方法、副作用和相互作用等信息。例如，用户在服用抗生素时可能会对食物和药物之间的相互作用产生疑问，ChatGPT 可以提供相关建议。

（4）医疗资源推荐：ChatGPT 可以根据用户的需求推荐医疗资源。例如，一个心脏病患者想要寻找一位专业的心脏病专家，ChatGPT 可以提供附近医院和专家的信息。

（5）心理健康支持：ChatGPT 可以为用户提供心理健康方面的支持，如压力管理、情绪调节等。例如，一个焦虑的用户可以通过与 ChatGPT 进行对话来寻求放松或获得应对压力的方法。

ChatGPT 提供的健康建议不能替代专业医生的诊断和治疗，只能作为一种辅助信息来源，帮助用户了解自己的健康状况。在遇到严重或复杂的医疗问题时，用户仍应寻求专业医生的帮助。

1.5.3 诊断支持

ChatGPT 在诊断支持方面可以协助医生进行初步诊断。通过分析患者的病史、症状和检查结果，生成可能的诊断结果和治疗建议。以下是 ChatGPT 在诊断支持中的一些详细应用场景和实例。

（1）病例分析：ChatGPT 可以帮助医生分析病例，提取关键信息，如症状、病史和实验室检查结果等。这有助于医生快速了解患者状况，从而为患者提供更及时的诊断和治疗。

（2）诊断建议：在了解患者病情的基础上，ChatGPT 可以为医生提供可能的诊断方向和治疗建议。这可以帮助医生在面对复杂病例时拓宽思路，更好地诊断患者。

（3）疾病风险评估：根据患者的基本信息和病史，ChatGPT 可以评估患者患某种疾病的风险，帮助医生更好地制定预防和治疗措施。

（4）治疗方案比较：ChatGPT 可以根据临床指南和研究进展为医生提供不同的治疗方案，同时分析各方案的优缺点和适应症。这有助于医生为患者选择最合适的治疗方案。

（5）最新研究动态：ChatGPT 可以帮助医生了解相关疾病的最新研究成果和治疗方法，确保医生始终保持对医学领域的最新认识。

虽然 ChatGPT 不能替代医生的专业判断，但它可以作为一种辅助工具，帮助医生更快地识别疾病并制定治疗方案。同时，医生仍需根据自己的专业知识和临床经验做出最终诊断和治疗决策。

1.5.4 医学研究

ChatGPT 在医学研究领域具有广泛的应用潜力，可以辅助研究人员进行文献检索、数据分析和实验设计等工作。以下是 ChatGPT 在医学研究中的一些详细应用场景和实例。

（1）文献检索：ChatGPT 可以帮助研究人员快速找到相关文献，节省大量手动检索的时间。通过理解研究人员的需求和关键词，ChatGPT 可以从海量文献数据库中检索出与研究主题相关的论文和研究成果。

（2）数据分析：ChatGPT 可以协助研究人员进行数据分析，包括统计分析、数据可视化和模型建立等。例如，在进行临床试验分析时，ChatGPT 可以帮助研究人员处理数据、计算统计指标并生成图表以便于结果展示。

（3）实验设计：ChatGPT 可以帮助研究人员设计实验方案，包括实验组设置、研究方法选择和预期结果预测等。通过分析研究目标和现有研究进展，ChatGPT 可以为研究人员提供实验设计的建议和参考。

（4）研究成果梳理：ChatGPT 可以帮助研究人员整理研究成果，生成摘要、论文大纲和研究报告等。这有助于研究人员更好地展示自己的研究成果，提高研究的影响力和认可度。

（5）跨学科研究支持：ChatGPT 可以为医学研究人员提供跨学科的

知识和资源，帮助他们发现潜在的研究方向和合作机会。例如，在生物医学和人工智能领域的交叉研究中，ChatGPT 可以为研究人员提供算法设计和数据处理的建议。

通过以上应用场景，ChatGPT 可以为医学研究人员提供智能、高效的研究支持，提高研究质量和效率。

1.5.5 医学教育

ChatGPT 在医学教育领域具有广泛的应用潜力，可以为医学生和实习医生提供实时的学习支持和答疑。以下是 ChatGPT 在医学教育中的一些详细应用场景和实例。

（1）学习支持和答疑：ChatGPT 可以为医学生提供个性化的学习支持，针对他们在学习过程中遇到的问题生成有针对性的解答。此外，ChatGPT 还可以通过提供案例分析和模拟诊断等，帮助医学生更好地掌握医学知识和技能。

（2）教学资源推荐：根据医学生的需求和学习进度，ChatGPT 可以推荐合适的教学资源，如课程视频、专业书籍和研究论文等。这有助于医学生更高效地学习和巩固知识。

（3）课程设计和教学辅助：ChatGPT 可以辅助教师进行课程设计，生成教学大纲、课件和习题等。同时，它还可以为教师提供教学方法和技巧的建议，帮助提高教学质量。

（4）作业批改和学生评估：ChatGPT 可以帮助教师进行作业批改，并快速给出评分和反馈意见。此外，它还可以根据学生的表现进行综合评估，为教师提供考核学生能力和进步的参考信息。

（5）考试准备和模拟：ChatGPT 可以为医学生提供考试准备支持，如生成模拟试题、提供答题技巧和解题思路等。这有助于医学生在面临重要考试时更有信心。

1.5.6 心理咨询

ChatGPT 在心理咨询领域具有一定的应用潜力，可以为用户提供初步的情感支持和建议。以下是 ChatGPT 在心理咨询中的一些详细应用场景和实例。

（1）情感支持：ChatGPT 可以通过与用户进行实时的文字交流，理解他们的情感状态和需求，为用户提供倾听和支持。这有助于用户表达自己的感受，缓解情绪压力。

（2）建议和应对策略：根据用户面临的问题和困扰，ChatGPT 可以生成有针对性的建议和应对策略，帮助用户应对生活中的挑战。例如，在面对职场压力时，ChatGPT 可以提供时间管理和压力缓解的建议。

（3）资源推荐：ChatGPT 可以为用户推荐相关的心理健康资源，如专业文章、在线课程和自助工具等。这有助于用户更好地了解心理健康知识，提高自我调适能力。

（4）情绪识别和记录：ChatGPT 可以帮助用户识别和记录自己的情绪状态，分析情绪波动的原因和规律。这有助于用户更好地了解自己，增强心理素质。

（5）预约专业心理咨询：当用户的问题超出 ChatGPT 的处理能力时，它可以协助用户预约专业的心理治疗师，确保用户得到及时的专业帮助。

虽然 ChatGPT 无法替代专业的心理治疗师，但它可以作为一种辅助工具，帮助用户缓解焦虑和压力。在使用 ChatGPT 进行心理咨询时，用户应注意保护自己的隐私，避免透露过多私人信息。同时，在面临严重心理问题时，应寻求专业心理治疗师的帮助。

1.5.7 康复指导

ChatGPT 在康复指导领域具有应用潜力，可以协助康复治疗师为患者制订个性化的康复计划。以下是 ChatGPT 在康复指导中的一些详细应用场景和实例。

（1）个性化康复计划：根据患者的病史、康复需求和进展，ChatGPT 可以为患者生成个性化的康复计划，包括运动方案、生活调整建议等。这有助于患者更好地跟踪康复过程，提高康复效果。

（2）运动建议：ChatGPT 可以为患者提供适当的运动建议，包括运动类型、强度和频率等。这有助于患者根据自己的身体状况选择合适的运动方式，加快康复进程。

（3）生活调整：根据患者的康复需求，ChatGPT 可以提供生活调整建议，如饮食、作息和环境改善等。这有助于患者在日常生活中更好地配合康复治疗，提高康复效果。

（4）康复进展监测：ChatGPT 可以帮助患者监测康复进展，记录康复过程中的关键数据和变化。这有助于康复治疗师及时了解患者的康复状况，调整康复计划。

（5）康复教育：ChatGPT 可以为患者提供康复相关的知识和信息，帮助他们更好地了解康复过程和注意事项。这有助于提高患者的自我管理能力，增强康复信心。

通过以上应用场景，ChatGPT 可以协助康复治疗师为患者提供智能、高效的康复指导，提高康复治疗的效果和患者满意度。ChatGPT 提供的康复建议并不能替代专业康复治疗师的指导，患者在康复过程中仍应遵循专业人士的建议。

1.5.8 药物信息查询

ChatGPT 在药物信息查询领域具有一定的应用潜力，可以为用户提供药物的基本信息、副作用、相互作用等。以下是 ChatGPT 在药物信息查询中的一些详细应用场景和实例。

（1）药物基本信息：ChatGPT 可以为用户提供药物的基本信息，如成分、剂型、规格、适应症等。这有助于用户了解药物的基本属性，确保正确使用。

（2）副作用和禁忌：ChatGPT 可以为用户提供药物的副作用和禁忌信息，帮助用户了解药物在使用过程中可能会出现的不良反应和需要避免的情况。这有助于用户在使用药物时减少风险。

（3）药物相互作用：ChatGPT 可以为用户提供药物相互作用的信息，包括不同药物之间的相互影响及可能产生的问题。这有助于用户在同时使用多种药物时，避免潜在的相互作用风险。

（4）用药指导：根据用户的需求，ChatGPT 可以提供用药指导，如用法用量、用药周期等。这有助于用户正确地使用药物，提高药物治疗效果。

（5）药物替代建议：在某些情况下，用户可能需要寻找替代药物。ChatGPT 可以为用户提供类似药物的信息，帮助他们在替换药物时做出更明智的选择。然而，这类建议应谨慎使用，必要时应咨询专业医生。

通过以上应用场景，ChatGPT 可以为用户提供智能、高效的药物信息查询服务，使用户对药物使用有正确的理解，降低药物使用风险。ChatGPT 提供的药物信息仅供参考，不能替代专业医生的建议。在实际使用药物时，用户应遵循医生的指导，并在遇到问题时及时咨询专业人士。

1.6 小结

在本章中，我们介绍了 ChatGPT 的基本知识、技术原理和应用场景。

首先，我们了解了什么是 ChatGPT 及 ChatGPT 算法的核心思想，并深入探讨了 ChatGPT 在自然语言处理领域的多种应用，包括机器翻译、文本摘要、语音识别、信息检索、情感分析、对话系统、文本分类、自动生成问答和个性化推荐。

其次，我们讨论了 ChatGPT 在人工智能助手领域的广泛应用，例如，智能客服、语音助手、个人助手、内容创作与编辑、数据分析与报告生成、社交媒体管理和智能编程助手。这些应用场景展示了 ChatGPT 在职场中的实际价值，可以帮助企业和个人提高工作效率、降低成本并取得好的业务成果。

最后，我们探讨了 ChatGPT 在教育、医疗等领域的重要应用，包括在线教育、健康咨询、诊断支持、医学研究、医学教育、心理咨询、康复指导和药物信息查询。在这些领域中，ChatGPT 为学生、教师、医生和患者等提供了智能、高效的服务，有助于提高教育质量、医疗服务水平和患者满意度。

总之，通过充分利用 ChatGPT 的强大功能，我们可以在学习、工作和生活等各方面获得更美好的体验和成绩。

第2章

利用 ChatGPT 提高沟通能力

在当今竞争激烈的职场中，提高自己的职场竞争力是每个职场人士必须面对的挑战。而在这个数字化时代，自然语言处理技术的迅速发展为我们提供了一种全新的工具：ChatGPT。

本章主要介绍了利用 ChatGPT 提升职场竞争力的方法和技巧，涉及以下知识点：

- ChatGPT 在邮件、简历等文本中的应用，包括生成精准清晰的邮件主题、优秀的邮件开场白、优化邮件正文，以及提高简历的质量；
- ChatGPT 在口语表达、演讲等领域的应用，包括提高口语表达的逻辑性和流畅性、提高演讲稿的质量、模拟辩论比赛等；
- ChatGPT 在跨文化沟通中的应用，包括优化跨文化邮件的撰写、优化跨文化交流的表达方式，以及进行跨文化情境模拟练习。

通过本章的学习，你将能够充分利用 ChatGPT 提升自身在职场中的表达能力，从而更加高效地沟通、展示自我和实现职业目标。

[!] **注意：** 本章中提到的应用方式和技巧，均需在实践中不断摸索和调整。在使用 ChatGPT 的过程中，需要注意文本的语境、文体和情感色彩的表达等因素，以确保表达的准确性和合理性。同时，也需要注意使用 ChatGPT 生成的文本可能存在的语法、逻辑等问题，进行必要的修改和润色。只有不断练习和反思，才能真正利用 ChatGPT 提升职场竞争力。

2.1 ChatGPT 在邮件、简历等文本中的应用

沟通是人类社会中不可或缺的一环，而文本沟通已经成为现代社会中最常见的沟通方式之一。在日常生活中，我们经常需要发送各种文本邮件、简历、商业信函、反馈邮件等。然而，如何准确地表达自己的意思、使文本更具有说服力，是许多人面临的挑战。随着人工智能技术的发展，自然语言处理技术的突破可让人们使用机器生成的文本来提高沟通效率。在接下来的内容中，我们将探讨 ChatGPT 在邮件、简历等文本中的应用。

2.1.1 利用 ChatGPT 优化邮件

很多人在写邮件时，常常会表达不清主题或者用词不当，这样就可能会导致对方产生误解。有时我们需要处理大量的邮件，很难快速、准确地识别关键信息。或者我们需要回复复杂的邮件，但是难以用简洁、清晰的语言表达自己的观点。这些问题不仅可能影响我们的工作效率，而且可能会降低客户对我们的信任度。使用 ChatGPT 就可以有效地解决这些问题。ChatGPT 可以根据邮件的主题、语境和目的，自动生成准确、流畅、易于理解的邮件内容，帮助我们更好地沟通。

下面我们通过一些实例来展示如何让 ChatGPT 扮演邮件助手。

- **实例 1：** ChatGPT 使邮件主题更明确

Alex 是一家科技公司的高级工程师，他发现公司网站出现了一些问题，需要同事 Jane 给他一份数据报告。于是 Alex 给 Jane 发了一份邮件，如 2-1 所示。

2-1 不醒目的主题

From: Alex
To: Jane

Subject: 问题

嗨，Jane，

我想跟你讨论一些事情。我们的网站目前遇到了一些问题。你能给我发一份数据报告吗?

谢谢，
Alex

在这个邮件中，主题只是“问题”，没有提供任何具体信息。Jane 可能会忽略这封邮件，因为他不知道这个“问题”是什么，也不知道 Alex 想要什么样的数据报告。这可能导致 Alex 没有得到他需要的信息，或者 Jane 误解了他的要求。

为了改善这封邮件的主题，我们引入 ChatGPT，提示语（Prompt）可以按照 2-2 进行设置。

2-2　优化邮件主题提示语

我叫 Alex，现在发现公司网站出现了一些问题，需要同事 Jane 给我一份数据报告。我打算写一份邮件给 Jane，邮件草稿在 ------ 符号之间。

XXX

帮我优化上面邮件的主题，使该邮件引起 Jane 的注意，并且以代码块的格式输出完整邮件。

ChatGPT 会根据我们的需求，给出一个示例邮件，如 2-3 所示。

2-3　ChatGPT 优化后的主题

From: Alex
To: Jane
Subject: 紧急！请求数据报告

嗨，Jane，

我注意到我们的网站在高峰时段的性能不佳，我们需要一份关于访问速度和服务器响应时间的报告，以了解我们面临的问题。你能在周五之前为我准备好这份报告吗？

如果你需要任何帮助，请告诉我，我会尽力协助你。

谢谢，
Alex

在这个邮件中，主题更加醒目具体，并且正文中提供了关于网站性能问题的详细信息，指定了需要的报告类型和交付时间。这样一来，Jane 知道自己需要做什么，而不用猜测 Alex 到底想要什么。这也可以确保 Alex 在交付时间前得到他所需的信息，从而有时间解决网站性能问题。

从这个例子可以看出，清晰和明确的邮件主题是非常重要的，有了 ChatGPT 这一邮件助手的帮助，可以确保用户的邮件能被及时处理并得到正确的回复。

● 实例 2：ChatGPT 使邮件开场白更清晰

李明是一家公司的销售人员，他需要向客户发送一封邮件，以确认下一步的合作细节。他给客户发了一封邮件，如 2-4 所示。

2-4　不清晰的开场白

From: 李明
To: 客户
Subject: 关于下一步合作的详细安排

尊敬的 XXX 客户：

您好，我司希望和您进一步合作。

首先，我们需要您在下周三之前提供公司的相关证明文件和签署一份合同。我们会在收到这些文件后尽快开始合作，并为您安排专业的团队负责项目的实施。

同时，我也想提醒您，我们需要尽快确定项目的详细内容和时间表。因此，如果您有任何问题或需要协助，请随时与我联系。我非常乐意为您提供支持和帮助，确保我们的合作取得最佳的效果。

最后，我再次感谢您对我们的信任和支持，期待与您在未来的合作。

祝好！

李明

这封邮件的主要目的是确认客户的下一步合作细节，同时提醒客户需要提供相关证明文件和签署一份合同。邮件的正文使用了比较正式的语气，同时提出了具体的时间节点和要求。但是，该邮件的开场白缺乏一个明确的提醒或引导，可能会让客户产生困惑或误解。

为了改善这封邮件的开场白，我们引入 ChatGPT，提示语（Prompt）可以按照 2-5 进行设置。

2-5　优化邮件开场白提示语

我叫李明，我现在想促成和客户的进一步合作，打算发邮件给客户，邮件草稿在 ------ 符号之间。

XXX

这个草稿缺乏比较好的开场白，为了更好地表达自己的意图并避免产生困惑或误解，帮我在邮件的开场白中使用一些明确的语言来引导客户，然后表明邮件的主要目的和内容。这样可以让客户更容易理解邮件的意图，并更好地回复和执行邮件中的要求。

根据我上面的需求，在我草稿的基础上修改邮件，并且以代码块的格式输出完整邮件。

接下来，ChatGPT 便会根据我们的需求，给出一个示例邮件，如 2-6 所示。

2-6　ChatGPT 优化后的开场白

From: 李明
To: 客户
Subject: 关于下一步合作的详细安排

尊敬的 XXX 客户：

您好！感谢您对我司产品的支持。为了更好地推动我们的合作，我写信向您确认一下我们接下来的合作细节。

首先，我想提醒您，我们需要在下周三之前收到公司的相关证明文件和签署一份合同。我们会在收到这些文件后尽快开始合作，并为您安排专业的团队负责项目的实施。

同时，我们非常珍惜您的宝贵时间，因此我也想提醒您尽快确定项目的详细内容和时间表。如果您有任何问题或需要协助，请随时与我联系。我非常乐意为您提供支持和帮助，确保我们的合作取得最佳的效果。

最后，我再次感谢您对我们的信任和支持，期待与您在未来的合作。

祝好！

李明

ChatGPT 改进后的邮件引入了一个明确的问候语句，使邮件更加友好和自然。

通过 ChatGPT 这一邮件助手的帮助，优化邮件的开场白和正文表达，确保邮件主题清晰明确，可以提高邮件的效果和对话的效率，从而更好地推动职场合作。

● 实例 3：ChatGPT 使邮件正文更加简洁明了

王小明是一家大型科技公司的高级销售代表。为了与客户沟通，他常常使用电子邮件与客户联系，但是他的邮件常常太冗长，没有重点，语言也不够流畅，让客户感到沉闷并失去兴趣。下面是王小明给客户发的一封邮件，如 2-7 所示。

2-7 冗长的初始邮件

From: 王小明
To: 张先生
Subject: 关于产品的信息

尊敬的张先生：

希望您一切都好，非常感谢您抽出宝贵的时间来阅读我的邮件。在这封邮件中，我想向您介绍我们公司的产品，这些产品可以帮助您解决当前遇到的一些问题。我们的产品质量非常好，价格也非常实惠。如果您有兴趣了解更多，可以通过我们的网站来查看我们所有的产品信息。

首先，我想介绍我们公司的产品范围。我们公司涵盖了各种领域，包括 IT、教育、医疗等。其中，我们的 IT 产品是我们的主打产品，包括网络设备、服务器、存储设备等。我们的教育产品包括交互式白板、电子图书、智能化教室等。我们的医疗产品包括医疗器械、医疗信息化解决方案等。

我们的 IT 产品是我们的主打产品之一。这些产品具有先进的技术和功能，可以帮助您提高工作效率，提升企业的竞争力。例如，我们的网络设备可以帮助您构建高效稳定的网络环境，服务器和存储设备可以帮助您管理和存储大量的数据。如果您需要更多的 IT 解决方案，请随时联系我们。

我们的教育产品也是我们的优势产品之一。这些产品包括交互式白板、电子图书、智能化教室等。我们的交互式白板可以帮助老师和学生更好地互动，电子图书可以帮助学生更好地学习和阅读，智能化教室可以帮助老师更好地管理和选择教学环境。我们相信，这些产品将为您的学校和教学带来巨大的改善和进步。如果您需要更多的教育解决方案，请随时联系我们。

我们的医疗产品也是我们非常引以为豪的新兴产品线之一。我们不仅提供了医疗器械，还提供了各种医疗信息化解决方案，以帮助医疗机构更好地管理和运营。我们非常自豪地宣布，我们的医疗产品已经在市场上获得了广泛认可和好评。

此外，我们还提供一系列的定制化服务，以满足客户的各种需求。我们非常注重与客户的沟通和合作，以确保我们提供的解决方案能够真正地帮助他们实现业务目标。我们的客户包括大型企业、中小型企业、政府机构等。

最后，如果您需要更多的信息或有任何疑问，请不要犹豫，随时联系我们的客户服务团队。我们非常感谢您抽出宝贵的时间阅读我们的邮件，并期待与您建立长期合作关系。祝您生意兴隆！

祝好！

王小明

为了改善这封邮件的正文，我们引入 ChatGPT，提示语（Prompt）可以按照 2-8 进行设置。

2-8 优化冗余邮件提示语

我叫王小明，我现在向客户介绍我们公司的产品，打算发邮件给客户，邮件草稿在 ------ 符号之间。

XXX

我感觉这个正文部分太冗余并且没有重点，请帮我简化邮件内容并提出重点，同时改进语言流畅度，最好是能提出明确的建议和行动计划。

根据我上面的需求，在我草稿的基础上修改邮件，并且以代码块的格式输出完整邮件。

接下来，ChatGPT 便会根据我们的需求，给出一个示例邮件，如 2-9 所示。

2-9 ChatGPT 提炼后的邮件正文

From: 王小明
To: 张先生
Subject: 关于产品的信息

尊敬的张先生：

我是来自 XX 公司的王小明，很高兴有机会向您介绍我们的优质产品。我们公司专注于提供 IT、教育、医疗等多个领域的解决方案，以下是我们的核心产品和其主要优势。

IT 领域：我们的网络设备和服务器具有高速、稳定、安全等特点，适用于各类企业和机构的网络架构搭建。我们的存储设备可以帮助客户实现数据备份、恢复、共享等功能，同时提供高效的存储管理和数据保护。

教育领域：我们的交互式白板和智能化教室让学习更加生动、高效，可以提升教学质量和学生参与度。我们的电子图书可以为学生提供丰富的学习资源，让学生方便快捷地获取知识。

医疗领域：我们的医疗器械和医疗信息化解决方案可以帮助医院提升医疗服务质量和效率，同时保障患者数据的安全和隐私。我们的解决方案可以帮助医院建立数字化医疗系统，实现信息共享、远程诊疗等功能。

除了以上产品，我们还提供定制化服务，根据客户的需求，为客户提供特定的解决方案。我们的客户包括大型企业、中小企业、政府机构等。

欢迎您访问我们的网站，查看更多产品信息和相关案例。
祝好！

王小明

ChatGPT 改进后的邮件简洁明了，将产品分为几个重要领域进行介绍，突出了产品优势和使用场景；语言上避免了过多的修饰和无意义的词汇，使邮件更具可读性和易理解性；结尾处建议客户访问网站查看更多产品信息，让客户可以更便捷地咨询和购买产品。

● 实例 4：ChatGPT 使邮件表达更地道

Tom 有一个紧急的任务需要同事 Bob 的帮助，他在写这封邮件时遇到了一些语法、拼写和词汇用法上的困难，邮件如 2-10 所示。

2-10 不正确的英语描述

From: Tom
To: Bob
Subject: Urgent task

Bob:

How are you? I hope you are fine. I have some work for you. I need you to make the project presentation for the meeting. You have all the informations needed. Please send it to me before Monday.

Thanks in advance for your colaboration.

Best,
Tom

不难发现，这封邮件存在一些问题："Urgent task"这个主题太过于笼统，不能让 Bob 知道这个任务具体是什么"How are you?"这个问候语不太适合在职场中使用。在职场中，通常使用 "Dear "或者"Hi"来问候同事；Tom 只使用了简单的陈述句，缺乏复杂句子结构，这会导致邮件显得过于简单直白，缺乏表达深度；并且，邮件中存在一些拼写错误，如将"collaboration"误写为"colaboration"等。

为了改善这封邮件的正文，我们引入 ChatGPT，提示语（Prompt）可以按照 2-11 进行设置。

2-11　优化英文邮件提示语

我叫 Tom，我现在需要发邮件给我同事 Bob，寻求帮助，邮件草稿在 ------ 符号之间。

XXX

但是因为我的英语不太好，所以邮件中有不少错误和描述不当的部分，请帮我改正这些部分。

在我草稿的基础上修改邮件，并且以代码块的格式输出完整邮件。

接下来，ChatGPT 便会根据我们的需求给出一个示例邮件，如 2-12 所示。

2-12　ChatGPT 优化后的英文邮件

From: Tom
To: Bob
Subject: Request for Project Presentation

Hi Bob：

I hope you are doing well. I am writing to request your assistance with the project presentation that will be presented at our upcoming meeting on Monday.

Could you please send me the completed presentation by Friday, so that I can review it and provide feedback? I Appreciate your timely response to this urgent matter.

Thank you for your hard work and collaboration on this project.

Best regards,

Tom

ChatGPT 改进后的邮件对于职场中的同事更加适合。主题 “Request

for Project Presentation” 详细地描述了这封邮件的主题，Bob 能知道这是一封请求帮助的邮件，并且知道自己应该做什么。邮件使用了更加复杂的句子结构，这些句子结构中包含了多个动词、名词和形容词，使邮件表达更加丰富、更有深度。同时，Tom 也表达了对 Bob 的感谢和肯定，这有助于激励 Bob 积极完成任务。

有了 ChatGPT，在写英文邮件时不仅能够避免语法、拼写和词汇用法等方面的错误，还能够提高邮件的流畅度和表达能力。此外，ChatGPT 还可以提供邮件模板和建议，帮助用户更好地组织邮件内容和表达思路，从而使邮件主题更加清晰明确，达到预期的效果。

注意： 除了英语，对于其他语种该方法同样适用。在 ChatGPT API 开放的情况下，如果用户需求比较多，可以直接自己部署工具，一键修正邮件内容。

2.1.2 使用 ChatGPT 提高简历的质量

简历是求职者展示自己能力和经历的关键工具。一份优秀的简历需要简洁明了、突出重点、准确地传达信息。使用 ChatGPT 可以帮助我们优化简历，提高求职成功率。下面我们通过两个实例来讲述如何使用 ChatGPT 提高简历的质量。

以下是一个简历的示例，我们将基于这个示例展示如何使用 ChatGPT 来优化简历。原始简历如 2-13 所示。

2-13 单调的原始简历

姓名：张三
电话：+86 1234567890
邮箱：zhangsan@example.com

教育背景：
2018—2022，某大学，计算机科学与技术专业，本科工作经历：
2022—2023，某科技公司，软件开发工程师

编写代码
修复漏洞
与团队合作

技能
编程语言：Python，Java，C++
操作系统：Windows，Linux
数据库：MySQL，MongoDB

为了让这份简历更具说服力和吸引力，我们可以使用 ChatGPT 对其进行优化。接下来，我们可以输入以下提示语，如 2-14 所示。

2-14　优化简历提示语

我有一份简历草稿在 ------ 符号之间。

XXX

请帮我优化这份简历，使其更具说服力和吸引力，并突出亮点。

经过 ChatGPT 优化后的简历如 2-15 所示。

2-15　ChatGPT 优化后的简历

姓名：张三
电话：+86 1234567890
邮箱：zhangsan@example.com

教育背景：
2018—2022，某大学，计算机科学与技术专业，本科
主修课程：数据结构、算法设计、计算机网络、数据库系统、操作系统

工作经历：

2022—2023，某科技公司，软件开发工程师
参与公司多个项目的研发，负责编写高质量、高性能的代码，提高系统稳定性和可维护性
及时发现并修复系统中的漏洞和缺陷，保证软件产品的安全和性能
与团队成员紧密合作，共同完成项目任务，提高开发效率

技能
熟练掌握编程语言：Python，Java，C++，具备多样化的编程能力
熟悉操作系统：Windows，Linux，能够在不同平台上进行软件开发和调试
熟练使用数据库技术：MySQL，MongoDB，具备良好的数据处理和存储能力

经过 ChatGPT 优化后的这份简历中，教育背景部分增加了主修课程的描述，使阅读者更清楚地了解到求职者的专业知识。工作经历部分的描述更具细节和成果导向，强调了实际项目中的贡献。技能部分也进行了优化，展示了求职者在各方面的技能熟练程度，使简历更具吸引力和说服力。

说明： 在使用 ChatGPT 撰写简历时，可以通过增加特定的 Prompt 描述语，进一步提高简历质量。

突出成果：在描述工作经历时，强调自己在项目中的成果和贡献，如降低成本、提高效率、优化性能等。用数据和事实支持这些成果，以增加说服力。

量身定制：针对不同的职位和公司，根据招聘需求和企业文化，对简历进行针对性的调整。强调与职位相关的技能和经验，使简历更加符合招聘方的期望。

简洁明了：保持简历的简洁和清晰，避免过于复杂。

2.1.3 利用 ChatGPT 生成更加简洁明了的产品说明书

产品说明书是向消费者或用户介绍产品特性、功能和使用方法的重要文件。然而，很多产品说明书可能过于复杂和冗长，使读者难以理解

和消化。在这种情况下，使用 ChatGPT 生成简洁明了的产品说明书将有助于提高用户的阅读体验和理解程度。

下面我们通过一个实例来展示如何利用 ChatGPT 生成简洁明了的产品说明书。

John 是一名软件工程师，正在编写一份产品说明书，介绍他的公司的最新软件产品，如 2-16 所示。

2-16　John 的产品说明书

尊敬的用户，感谢您选择我们公司的最新软件产品。我们的软件是一款高效的办公软件，具有出色的性能和可靠的稳定性。它不仅可以帮助您更好地管理工作，提高工作效率，还可以让您轻松享受办公室生活的乐趣。我们的软件具有以下特点和功能。

1. 高效的处理能力：我们的软件采用先进的处理技术，能够快速地处理大量数据，并在瞬间完成复杂的计算任务。

2. 稳定的运行环境：我们的软件采用稳定的运行环境，确保在任何情况下都能保持高效稳定的运行状态。

3. 友好的用户界面：我们的软件采用简洁明了的用户界面，让用户可以轻松上手，并快速掌握软件的各项功能和操作。

4. 丰富的功能：我们的软件提供了丰富的功能，包括文档编辑、数据处理、图表制作、邮件管理等，让用户可以轻松应对各种办公场景。

5. 完善的技术支持：我们提供完善的技术支持和售后服务，确保用户在使用我们的产品时能够得到及时、专业的帮助和支持。

我们相信，我们的软件一定能够满足您的各种需求，让您的工作更加高效、便捷。如果您在使用我们产品的过程中有任何问题或建议，请随时联系我们的客服人员，我们将竭诚为您服务。

上述产品说明书的内容虽然非常详细，但是由于过于冗余和啰嗦，读起来会让人感到疲惫和困惑。为了简化说明书，我们可以使用 ChatGPT 总结出上面内容的要点。我们可以输入以下提示语，如 2-17 所示。

2-17　总结产品说明书提示语

我有一份产品说明书，在 ------ 符号之间。

XXX

请帮我总结这份说明书。

ChatGPT 在 John 原来的说明书的基础上总结了要点，如 2-18 所示。

2-18　ChatGPT 总结要点

这份产品说明书介绍了一款高效的办公软件，具有出色的性能和可靠的稳定性。它提供了高效的处理能力和稳定的运行环境，以及友好的用户界面和丰富的功能，包括文档编辑、数据处理、图表制作和邮件管理等。此外，该软件产品提供完善的技术支持和售后服务，确保用户在使用过程中得到及时、专业的帮助和支持。用户可以随时联系客服人员，以获得更好的服务。

根据 ChatGPT 总结的要点，我们可以利用 ChatGPT 生成一个全新的产品说明书，提示语如 2-19 所示。

2-19　ChatGPT 生成新说明的提示语

根据上面的总结，请为我生成一份简洁而又亮点突出的产品说明。

ChatGPT 根据提示语中的需求，即可生成新的产品说明书，如 2-20 所示。

2-20　ChatGPT 生成新的产品说明书

我们的办公软件是一款高效、稳定、易用的产品，它采用先进的处理技术，能够快速地处理大量数据，并在瞬间完成复杂的计算任务。我们的软件提供了丰富的功能，包括文档编辑、数据处理、图表制作和邮件管理等，能够帮助您更好地管理工作，提高工作效率。我们还提供完善的技术支持和售后服务，确保您在使用过程中得到及时、专业的帮助和支持。让我们的软件产品帮助您轻松享受办公室生活的乐趣吧！

ChatGPT 生成的产品说明书相对于原始的产品说明书，有以下优点。

（1）简洁明了：ChatGPT 生成的产品说明书将复杂的信息简化为易于理解的语言，让读者更容易了解产品的核心特点和功能。

（2）亮点突出: ChatGPT 生成的产品说明书强调了产品的亮点，例如，先进的处理技术、丰富的功能、完善的技术支持和售后服务，让读者更容易记住产品的主要优势。

（3）具有吸引力：ChatGPT 生成的产品说明书使用了简洁、生动的语言，强调产品的使用场景和优势，让读者更容易被吸引，产生兴趣并尝试使用产品。

! **说明**：在生成新的产品说明书时，我们可以通过修改第二个提示语，来定制化。

2.1.4 利用 ChatGPT 生成更加优秀的新闻稿

新闻稿主要用来传递新闻信息，吸引读者眼球。然而，很多新闻稿可能存在语言表达不够生动、信息呈现不够吸引人等问题。在这种情况下，利用 ChatGPT 生成更加优秀的新闻稿将有助于改善读者的阅读体验和增加记忆深度。

以下是一个新闻稿样例，如 2-21 所示。

2-21 新闻稿样例

据悉，近日，某知名企业发布了其最新的智能手表产品。该产品不仅具有时尚的外观设计和高端的材料质量，还拥有许多智能化功能，如身体健康管理、运动监测、智能语音交互等。此外，该产品还支持多种应用程序，如天气预报、消息推送、音乐播放等，为用户提供全面便捷的使用体验。

虽然该新闻稿传达了产品的一些基本信息，但是读起来比较平淡和乏味。为了让新闻稿更加生动、有趣，我们可以利用 ChatGPT 生成一个全新的新闻稿，以下是提示语，如 2-22 所示。

2-22 生成新闻稿提示语

我公司要发布最新智能手表产品，新闻稿在 ------ 符号之间。

XXX

请帮我生成一个更加优秀的新闻稿，要求能抓住别人眼球。

ChatGPT 根据上述需求，生成的新闻稿如 2-23 所示。

2-23 ChatGPT 生成的新闻稿

【震撼发布】某知名企业推出全新智能手表，领跑时尚潮流

近日，某知名企业再次向全球推出了一款震撼力作——全新智能手表产品。这款手表集时尚、科技、健康于一身，是时尚潮人们必备的智能配件。

该智能手表外观设计简洁时尚，用高端材料精心打造，完美展现了现代时尚的审美风格。同时，该产品内置多种健康管理功能，可实时监测用户的运动数据、心率、血压等生理指标，实现全方位健康管理。

更为引人注目的是，这款智能手表支持智能语音交互，可随时随地为用户提供便捷的语音助手服务。此外，该产品还支持多种实用的应用程序，如天气预报、消息推送、音乐播放等，让用户在日常生活中享受更多的便捷。

“这款智能手表是我们不断创新、追求卓越的成果，” 该企业的相关负责人表示，“我们相信，它将带给用户更加全面便捷的使用体验和更高品质的生活方式。”

从现在开始，全球各地的时尚潮人们可以在 ×× 官网上预订这款令人期待已久的智能手表。别再犹豫了，它已经准备好为您展现前所未有的智能体验！

ChatGPT 生成的新闻稿相较于之前的稿件，通过使用更加具有吸引力的标题、语言表述更加生动的文字及更具突破性的行文方式，全面展现了这款智能手表产品的魅力和实用性。同时，突出了该企业在科技创新和产品设计方面的领先优势，更好地抓住了读者的眼球，提高了文章的阅读量和传播度。

在这个实例中，我们利用了 ChatGPT 的语言生成功能，将原始的新闻稿转化为更加生动有趣、突出产品优势并且清晰明了的新闻稿。值得注意的是，在生成新闻稿时，我们可以针对不同的受众需求，采用不同

的语言风格和表达方式，来达到更好的传播效果。

2.1.5 通过 ChatGPT 生成更加出色的推荐信

推荐信是在学术界和职场中广泛使用的一种信函，用于向招聘人员或学术机构介绍推荐人对被推荐人的评价。一封出色的推荐信可以有效地提高被推荐人在应聘或申请学校时的成功率。利用 ChatGPT 生成更加出色的推荐信将有助于提高被推荐人的竞争力。

以下是一个推荐信样例，如 2-24 所示。

2-24 推荐信样例

尊敬的招聘委员会：

我非常荣幸地推荐本人的学生 John 申请贵公司的软件工程师职位。我与 John 共事多年，他是一位非常出色的学生和软件工程师。

John 是一位聪明、努力且具有创造力的年轻人。他在我的软件工程课程中表现出色，不仅在课堂上取得了优异的成绩，而且积极参与课程项目，拥有非常好的团队合作能力和沟通技巧。他还有很强的自我学习能力，不断地自学新知识和技能，使自己在软件工程领域保持领先地位。

我认为 John 是一位非常优秀的软件工程师，他的才华、专业技能和职业素养一定能够为贵公司带来效益。我强烈推荐他作为贵公司的软件工程师。

如果您对 John 有任何问题或需要更多信息，请随时与我联系。我相信他将成为贵公司的重要资产。

此致

敬礼

虽然该推荐信传达了推荐人对被推荐人的评价，但是语言表达不够生动、不具有说服力。为了让推荐信更加出色，我们可以利用 ChatGPT 生成一个全新的推荐信，以下是提示语，如 2-25 所示。

2-25 生成推荐信提示语

根据我对 John 的认识和了解，我帮他写了一份推荐信，具体内容在 ------ 符号之间。

XXX

请帮我生成一封生动、具有说服力的推荐信。

ChatGPT 根据上述提示语中的需求，生成的新推荐信如 2-26 所示。

2-26 ChatGPT 生成的新推荐信

尊敬的招聘委员会：

我很荣幸向您推荐我的杰出学生 John，他是一位非常出色的软件工程师，对技术充满热情，刻苦钻研。在我的软件工程课程中，John 展现出了极高的智商和敬业精神，他不仅取得了优异的成绩，而且在项目中表现出了卓越的团队合作能力和出色的沟通技巧。John 的自我学习能力很强，他时刻保持着对新技术的追求和探索，以不懈的努力不断提升自己在软件工程领域的专业技能和实践经验。

John 是一位极具才华的软件工程师，拥有过硬的专业素养和出色的解决问题的能力。他能够灵活运用各种编程语言和工具，对软件工程的各个领域都有深刻的理解和认识。他的严谨态度和对细节的高度关注使他能够以高质量的标准完成任何任务。同时，John 对用户需求的敏锐度和关注度也很高，他总是将用户体验作为首要考虑因素。

我强烈推荐 John 加入贵公司的软件工程团队，我相信他优秀的专业能力、自主学习能力和高度的责任感将为公司的发展做出巨大的贡献。如果您有任何疑问或需要更多信息，请随时联系我，我将很乐意回答您的任何问题。

谢谢您花时间阅读我的推荐信，期待 John 能够为贵公司带来效益。

此致

敬礼

相较于原始的推荐信，ChatGPT 生成的新推荐信不仅语言生动，突出了被推荐人的优势和特点，而且表述明确，更容易让招聘委员会对被推荐人产生好感和兴趣。

2.1.6 使用 ChatGPT 优化项目汇报表达

在职场和学术界中，项目汇报是一项非常重要的任务，它可以展示个人和团队的工作成果、技能和能力。然而，有时候我们可能难以准确表达自己的意思，或者用语不够生动、简明扼要，这时候利用 ChatGPT 可以帮助我们优化项目汇报的表达，让汇报更加生动有趣、易于理解和记忆。

以下是一个项目汇报的样例，如 2-27 所示。

2-27 项目汇报样例

尊敬的各位评委：

我很荣幸向您介绍我们小组在大数据分析方面的项目。我们的项目主要研究大数据分析技术在社交网络中的应用，旨在为用户提供更加个性化和精准的服务。项目涉及多个方面，包括数据采集、数据清洗、数据分析和应用实现等。

在本次项目中，我们小组通过对社交网络数据的收集和处理，建立了一套完整的大数据分析系统，并实现了多项数据挖掘和分析任务，包括用户行为分析、社交网络关系分析、用户兴趣爱好挖掘和个性化推荐等。同时，我们还开发了一系列基于大数据分析的应用程序，如社交媒体营销系统、用户画像生成器、用户偏好推荐系统等。

在项目实施过程中，我们小组克服了多项困难和挑战，如数据质量问题、算法性能问题和应用场景定位问题等。通过不断地实验和改进，我们最终取得了非常好的成果，证明了大数据分析在社交网络中的重要作用和应用价值。

我们小组的成果得到了多个领域的专家和用户的认可和好评，同时也获得了多项科研和创新奖励。在此，我代表整个小组感谢评委们的关注和支持，希望我们的成果能够为社会和用户带来更大的价值和贡献。

谢谢！

为了让项目汇报更加出色，我们可以利用 ChatGPT 生成一个全新的项目汇报，以下是提示语，如 2-28 所示。

2-28 生成项目汇报提示语

根据我对项目的了解，我写了一份项目汇报，具体内容在 ------ 符号之间。

XXX

请帮我生成一封生动有趣、易于理解且突出重点的项目汇报。

ChatGPT 根据上述提示语中的需求，生成的新项目汇报如 2-29 所示。

2-29 ChatGPT 生成的新项目汇报

尊敬的评委们：

大数据时代已经来临，我们小组的项目就是在这个背景下进行的。我们主攻的是社交网络领域，目的是帮助用户得到更加个性化和精准的服务。实现这个目标需要进行多个方面的工作，包括数据采集、数据清洗、数据分析和应用实现等。

在这个项目中，我们通过对社交网络数据进行收集和处理，建立了一个完整的大数据分析系统，包括多项数据挖掘和分析任务。例如，我们进行了用户行为分析、社交网络关系分析、用户兴趣爱好挖掘和个性化推荐等工作。此外，我们还开发了基于大数据分析的应用程序，例如，社交媒体营销系统、用户画像生成器、用户偏好推荐系统等。

在这个项目实施的过程中，我们遇到了许多困难和挑战，例如，数据质量问题、算法性能问题和应用场景定位问题等。但是，我们通过不断地实验和改进，最终取得了极好的成果，证明了大数据分析在社交网络中的重要性和应用价值。

我们小组的成果已经得到了多个领域的专家和用户的认可和好评，并获得了多项科研和创新奖励。我们非常感谢评委们的关注和支持，希望我们的成果能够为社会和用户带来更大的价值和贡献。

谢谢大家！

相较于原始的项目汇报，ChatGPT 生成的新项目汇报的语言更加生动有趣、易于理解和记忆，突出了项目的重要性、挑战和成果，并且更容易引起评委的兴趣和好感。

[!] **注意：** 在利用 ChatGPT 优化项目汇报的表达时，我们需要确保生成的新项目汇报与原始项目汇报的内容和主题一致，并根据实际情况调整 ChatGPT 生成的新项目汇报，使其更符合实际情况和实际需要。同时，我们需要保持语言风格和文化背景的一致性，以确保新项目汇报的可读性和可理解性。

2.2 ChatGPT 在口语表达、演讲等领域的应用

在职场中，口语表达和演讲技能对职业发展至关重要。然而，许多人可能会在演讲过程中出现逻辑不清、表达不流畅、内容单调乏味等问题。ChatGPT 作为一种大型的语言模型，可以通过自然语言生成技术，帮助我们改善演讲稿的逻辑性和生动性等。在接下来的内容中，我们将探讨 ChatGPT 在口语表达、演讲等领域的应用。

2.2.1 利用 ChatGPT 提高演讲稿的逻辑性和流畅性

逻辑性和流畅性是决定一个演讲稿好坏的关键因素。然而，很多人可能会在演讲稿的撰写过程中遇到困难。使用 ChatGPT 可以帮助我们生成更加准确、清晰、流畅的演讲稿。我们在撰写演讲稿时，可以将提纲或者草稿输入 ChatGPT 中，然后 ChatGPT 会自动根据上下文和语境，生成更加恰当的演讲稿。此外，我们还可以利用 ChatGPT 来优化演讲稿的语言，以增强演讲稿的可读性和影响力。

以下是一个演讲稿的样例，如 2-30 所示。

2-30 演讲稿样例

尊敬的各位领导、专家和嘉宾：

我很荣幸站在这里向大家介绍我们公司最新的产品——智能家居系统。我们的产品基于人工智能技术，通过传感器和控制器实现家庭设备的自动化管理，为用户提供更加舒适和便利的生活体验。在本次演讲中，我将为大家详细介绍我们产品

的功能和特点，以及未来的发展前景。

首先，让我们来看一下我们产品的功能。智能家居系统可以实现家庭设备的自动化控制和管理，包括照明、空调、窗帘、安防、家电等。用户可以通过手机或者语音控制等方式，随时随地控制家庭设备的开关，调节温度、光照等。此外，智能家居系统还可以通过学习用户的行为和习惯，自动调节家庭设备的使用，提高家庭设备的能效和节能效果。

其次，让我们来看一下我们产品的特点。我们的产品采用了先进的人工智能技术，具有智能化、自适应、个性化等特点。通过智能化技术，系统可以自动识别用户的需求和习惯，为用户提供定制化的服务；通过自适应技术，系统可以自动适应用户的环境和情境，为用户提供更加智能化的体验；通过个性化技术，系统可以根据用户的个性和偏好，为用户提供更加个性化的服务和体验。

最后，让我们来看一下我们产品的发展前景。智能家居市场是一个充满活力和潜力的市场，目前已经成为一个新的消费热点。据相关统计数据显示，未来几年，全球智能家居市场的规模将会继续快速增长。我们相信，凭借我们先进的技术和优秀的团队，我们一定可以在这个市场中占据一席之地，为用户带来更加智能化、便利化的生活体验。

谢谢大家！

虽然该演讲稿传达了产品的功能、特点和未来的发展前景，但是语言不够流畅、连贯、有吸引力。为了提高演讲稿的逻辑性和流畅性，我们可以利用ChatGPT生成一个全新的演讲稿，以下是提示语，如2-31所示。

2-31　生成演讲稿提示语

根据我对演讲主题的了解，我写了一份演讲稿，具体内容在 ------ 符号之间。

XXX

请帮我生成一份具有逻辑性和流畅性，并且有吸引力的演讲稿。

ChatGPT 根据上述提示语中的需求，生成的新演讲稿如 2-32 所示。

2-32　ChatGPT 生成的新演讲稿

尊敬的各位领导、专家和嘉宾：

非常感谢你们今天的到来，让我有机会向大家介绍我们公司最新的产品——智能家居系统。我们的产品基于人工智能技术，为用户带来更加舒适和便利的生活体验。

现在，智能家居系统已不再是遥不可及的科幻梦想，而是一个可以实现的现实。它可以自动化地管理家庭设备，包括照明、空调、窗帘、安防和家电等。这些设备都可以通过手机或语音控制等方式进行智能化管理，使用户随时随地掌握自己家中设备的使用情况。

除了自动化控制和管理，智能家居系统还可以根据用户的需求和习惯，自动调节家庭设备的使用，提高家庭设备的能效和节能效果。这种智能化技术，可以让用户的生活更加便利，减少不必要的浪费，同时也为环境保护做出了贡献。

我们的智能家居系统不仅具有智能化的特点，还具有自适应和个性化的特点。它可以自动适应用户的环境和情境，为用户提供更加智能化的体验；同时也可以根据用户的个性和偏好，为用户提供更加个性化的服务和体验。这些特点，使智能家居系统与传统家居系统有了质的区别。

随着人们对智能家居需求的不断增长，智能家居市场成为一个新的消费热点。据统计数据显示，未来几年，全球智能家居市场的规模将会继续快速增长。我们相信，凭借我们先进的技术和优秀的团队，我们一定可以在这个市场中占据一席之地，为用户带来更加智能化、便利化的生活体验。

最后，感谢大家的聆听。我们将会不断努力，不断创新，让我们的智能家居系统成为人们生活的必备品。

谢谢大家！

ChatGPT 生成的演讲稿比原来的更加流畅，逻辑性更强，吸引力更大。在演讲的结构上，新演讲稿的开头能够迅速引起听众的兴趣；在内容方面，新演讲稿详细介绍了智能家居系统的功能和特点，并且对未来发展前景进行了展望，使演讲内容更加丰富有趣。此外，新演讲稿的语言更加清晰明了，更容易让听众理解和接受。

2.2.2 使用 ChatGPT 模拟辩论比赛

ChatGPT 除了可以帮助我们生成演讲稿和演讲内容，还可以用于模拟辩论比赛，以提高我们的辩论技巧和思维能力。

以下是一个模拟辩论的样例，如 2-33 所示。

2-33 模拟辩论样例

辩题：是否应该普及人工智能技术?

正方观点：应该普及人工智能技术，因为它可以提高生产力和生活品质。

反方观点：不应该普及人工智能技术，因为它会导致失业和隐私泄露。

在模拟辩论中，正方和反方各自陈述自己的观点和理由，通过辩论来表达自己的观点，以达成最终的结论。

为了模拟这样的辩论比赛，我们可以使用 ChatGPT 来生成正反双方的辩论稿，以下是提示语，如 2-34 所示。

2-34 生成辩论稿提示语

现有一场辩论赛，辩题和正反方的观点如下。

辩题：是否应该普及人工智能技术?

正方观点：应该普及人工智能技术。

反方观点：不应该普及人工智能技术。

请帮我生成正反双方的辩论稿。

ChatGPT 根据上述提示语中的需求，生成的正方辩论稿如 2-35 所示。

2-35 ChatGPT 生成的正方辩论稿

尊敬的评委和各位观众：

我们认为应该普及人工智能技术，因为它可以提高生产力和生活品质。

首先，人工智能技术可以帮助我们提高生产力。在现代工业生产中，人工智能技术可以通过机器学习和深度学习算法来进行智能化控制，从而提高生产效率和质量。同时，人工智能技术还可以为我们提供更加高效的服务，比如人脸识别、语音识别等，为我们的生活带来更多的便利。

其次，人工智能技术可以提高我们的生活品质。在智能家居、智能医疗等领域，人工智能技术可以实现家庭设备的自动化管理，为我们提供更加智能化和个性化的服务。此外，人工智能技术还可以帮助我们更好地管理资源，提高能源利用率，保护环境和生态。

因此，我们认为应该普及人工智能技能，以促进生产力和生活品质的提高。

ChatGPT 生成的正方辩论稿提出了普及人工智能技术的益处，通过具体的例子来支持自己的观点，并且让听众更加容易理解和接受自己的观点。

接下来，我们再来看一下 ChatGPT 生成的反方辩论稿，如 2-36 所示。

2-36　ChatGPT 生成的反方辩论稿

尊敬的评委和各位观众：

我们认为不应该普及人工智能技术，因为它会导致失业和隐私泄露。

首先，人工智能技术可以取代很多人类的工作，导致大部分人失业。随着人工智能技术的发展，越来越多的工作将被机器人和自动化系统取代，这将导致许多人失去工作，无法维持生计。此外，人工智能技术的应用还会导致社会结构的改变和不稳定，可能引发社会不满和矛盾。

其次，人工智能技术的应用会导致隐私泄露，带来个人信息安全问题。在人工智能技术的应用中，用户的个人信息和隐私可能会被泄露和滥用，这将对个人权益和社会稳定造成不良影响。

因此，我们认为不应该普及人工智能技术，需要采取有效的措施和管理机制来避免其不良影响。

ChatGPT 生成的反方辩论稿提出了普及人工智能技术的不利因素和危害，通过举例和逻辑推理来支持自己的观点，并让听众更加清晰地了解反方的观点。

当然，这只是一个简单的例子。在实际辩论中，双方会有更多的策略和技巧，如驳斥对方观点、提出反驳证据、引用权威观点等。通过 ChatGPT 生成辩论稿只是一个起点，我们还需要通过学习和实践来不断提高自己的辩论能力。

在材料准备充分后，我们也可以直接模拟辩论过程。比如针对上面的辩题，我们可以直接选择正方，让 ChatGPT 扮演反方，来和它持续对话，以提高我们的辩论水平。具体的对话过程如 2-37 所示。

2-37 ChatGPT 模拟对话过程

【用户】：

现在我们来模拟辩论，我是正方辩手，你是反方辩手。明白吗？

【ChatGPT】：

明白，我可以扮演反方辩手并进行辩论。请告诉我你的观点和论据，让我们开始吧！

【用户】：

今天我们的辩题：是否应该普及人工智能技术？

正方观点：应该普及人工智能技术。

反方观点：不应该普及人工智能技术。

你清楚了吗？若清楚了，直接回答清楚。

注意：你现在是反方辩手，直接和我辩论就行。

【ChatGPT】：

我清楚了，作为反方辩手，我会阐述不应该普及人工智能技术的论点。

尽管人工智能技术已经在许多领域中取得了很大的进展，但普及这项技术也会带来许多负面影响。首先，人工智能技术的发展可能会导致许多工作被自动化取代，从而导致大量人员失业。其次，普及人工智能技术可能会导致隐私泄露问题，因为许多数据被收集和分析，这些数据可能包含个人隐私信息。此外，人工智能技术也可能被用于恶意目的，如网络攻击和信息操纵。

另外，普及人工智能技术也可能导致人类对技术的过度依赖和信任，从而失去独立思考能力和决策能力。这可能会导致一些不良后果，如人类不再具备判断事情是非对错的能力，也无法理解复杂的系统是如何工作的。

综上所述，我认为不应该普及人工智能技术。虽然人工智能技术有很多好处，但我们必须谨慎地看待它的发展，避免其带来的负面影响。

【用户】：

作为正方辩手，我不认可你的观点。我认为应该普及人工智能技术，因为它可以提高生产力和生活品质。

首先，人工智能技术可以帮助我们提高生产力。在现代工业生产中，人工智能技术可以通过机器学习和深度学习算法来进行智能化控制，从而提高生产效率和质量。同时，人工智能技术还可以为我们提供更加高效的服务，比如人脸识别、语音识别等，为我们的生活带来更多的便利。

其次，人工智能技术可以提高我们的生活品质。在智能家居、智能医疗等领域，人工智能技术可以实现家庭设备的自动化管理，为我们提供更加智能化和个性化的服务。此外，人工智能技术还可以帮助我们更好地管理资源，提高能源利用率，保护环境和生态。

因此，我们认为应该普及人工智能技能，以促进生产力和生活品质的提高。

【ChatGPT】：

作为反方辩手，我理解你的观点，但我认为有必要谨慎地看待普及人工智能技术的问题。

首先，虽然人工智能技术可以提高生产力和生活品质，但是它也有可能导致一些不良后果，比如上面我提到的失业和隐私泄露问题。

其次，虽然人工智能技术可以提高生产效率和质量，但是它也有可能导致一些道德和伦理问题，比如人工智能技术可能会被用于武器制造等违法活动。此外，人工智能技术可能也会导致失控问题，如果技术失控，可能会对人类造成极大的危害。

综上所述，我认为虽然人工智能技术可以提高生产力和生活品质，但是我们必须要谨慎看待它的发展，以避免带来负面的影响。

【用户】：

作为正方辩手，我认为虽然普及人工智能技术可能会带来一些挑战和问题，但是我们应该积极推广和应用这项技术，因为它能够带来很多的好处和机遇。

普及人工智能技术可以通过严格的监管和规范来避免一些潜在的问题和风险。例如，我们可以通过制定法律和政策来规范人工智能技术的应用，以保护数据隐私和信息安全。同时，我们也可以通过制定人工智能技术的道德和伦理标准来规范技术的发展和应用，避免其被用于不良的行为和活动。

【ChatGPT】：

作为反方辩手，我认为虽然人工智能技术能带来许多好处和机遇，但我们也必须谨慎地看待它的发展和应用。

虽然我们可以通过制定监管机制和规范来规范人工智能技术的应用，但实际上监管和规范的效果并不一定能够完全避免潜在的问题和风险。特别是在一些灰色地带和监管缺失的领域，人工智能技术可能被滥用和恶意利用，导致严重的社会问题和安全风险。

从上面的对话内容可以看出，ChatGPT 在论证的过程中逻辑清晰，有理有据。而且，用户在和 ChatGPT 交互的过程中，也潜移默化地提升了自己的辩论的水平。

2.3 ChatGPT 在跨文化沟通中的应用

在跨文化沟通中，理解不同文化间的沟通方式和习惯是非常重要的，这有助于避免文化冲突和误解，建立更好的跨文化关系。使用 ChatGPT 可以帮助我们了解其他文化的沟通方式和惯例，并提供适当的指导，以便更好地进行跨文化沟通。

2.3.1 使用 ChatGPT 学习不同文化的沟通方式和习惯

ChatGPT可以使用海量的语料库来学习不同文化的沟通方式和习惯。通过对 ChatGPT 的训练和测试，我们可以了解不同文化中使用的语言、词汇、语调和表达方式，以及社交礼仪和交际技巧等。

以下是一个跨文化沟通的样例。John 是一个美国人，他需要给一个日本客户发一封邮件，为他们介绍公司近期开发的一款新产品。在撰写邮件时，John 没有考虑到日本文化中的礼节和美日语言差异，使用了美式英语并且直截了当地描述了产品。邮件内容如 2-38 所示。

2-38 John 的邮件

Dear Mr. Tanaka:

I'm writing to let you know about our new product. We've developed a revolutionary new software that can greatly improve your company's productivity. Our product is very user-friendly and easy to use. We're confident that you'll find it very useful.

Please let us know if you're interested in learning more about our product. We would be happy to set up a meeting to discuss it further.

Best regards,
John

这封邮件可能会让日本客户感到被冒犯，因为它没有使用适当的礼节用语和敬语。在日本文化中，敬语是非常重要的，尤其是在商务场合中。此外，邮件中也没有介绍公司的背景和历史，这可能会降低客户的信任度。我们可以利用 ChatGPT 根据日本文化和常见的沟通方式来优化这封邮件，以下是提示语，如 2-39 所示。

2-39　根据文化生成邮件提示语

我是 John，我们公司最近开发了一款新产品，需要向日本客户 Tanaka 先生发一封邮件，邮件内容需要包括公司背景、新产品的介绍和我们希望与客户会面的请求。邮件草稿在 ------ 符号之间。

XXX

请使用适合日本客户的礼节用语和敬语，帮我重写一份邮件，确保邮件内容准确无误。直接给我重新写好的英文邮件。

ChatGPT 根据上述提示语中的需求，生成的新邮件如 2-40 所示。

2-40　ChatGPT 生成的新邮件

Dear Mr. Tanaka：

I hope this email finds you well. I am writing to introduce our company's new product and express our interest in meeting with you to discuss it further.

Allow me to briefly introduce our company. We are a reputable software development company that has been in business for several years. Our products have been well-received by clients around the world, and we pride ourselves on our commitment to quality and customer satisfaction.

Our latest product is a revolutionary software that can greatly enhance your company's productivity. It is designed with user-friendliness in mind and is sure to be a valuable asset to your business.

We would be honored to have the opportunity to meet with you and discuss how our product can benefit your company. Please let us know if you are interested, and we will arrange a meeting at your convenience.

Thank you for your time and consideration.

Best regards,
John

ChatGPT 生成的邮件使用了适合日本文化的礼节用语和敬语，同时，突出了公司背景、新产品介绍和希望与客户会面的请求，清晰明了，容易理解，符合日本人的沟通方式和习惯。这将有助于增强公司在日本市场的竞争力。

2.3.2 使用 ChatGPT 编写多语言邮件和文档

在跨文化沟通中，使用多种语言来编写邮件和文档是非常常见的。ChatGPT 可以根据特定的语言和文化背景，提供适当的翻译，以便更好地进行跨文化沟通。

在 2.3.1 节中的例子中，John 可以使用 ChatGPT 来翻译他的邮件，以下是提示语，如 2-41 所示。

2-41 翻译邮件提示语

我是 John，我们公司最近开发了一个新产品，需要向日本客户 Tanaka 先生发一封邮件，邮件内容需要包括公司背景、新产品的介绍和我们希望与客户会面的请求。内容在 ------ 符号之间。

XXX

请根据日本客户的礼节用语和邮件习惯，帮我将邮件翻译成日文。

ChatGPT 根据上述提示语中的需求，生成的新邮件如 2-42 所示。

2-42　ChatGPT 生成的新邮件

[日语翻译后的邮件]
亲爱的田中先生，

お元気でいらっしゃいますか。私はこのメールを通じて、我々の会社の新製品をご紹介し、それについてさらに詳しく話すための会合を設けることに関心があることをお伝えしたく思います。

まず、私たちの会社を簡単にご紹介させていただきます。私たちの会社は、数年間にわたってビジネスを展開している信頼できるソフトウェア開発会社です。私たちの製品は、世界中のクライアントから高く評価されており、品質と顧客満足へのコミットメントに私たちは誇りを持っています。

最新の製品は、お客様の会社の生産性を大幅に向上させることができる革新的なソフトウェアです。それはユーザーフレンドリーに設計されており、お客様のビジネスにとって貴重な資産となることでしょう。

あなたと会って、私たちの製品があなたの会社にどのように利益をもたらすことができるかについて話す機会をいただければ光栄です。もし興味がありましたら、お知らせください。我々はあなたの都合の良い時に会議を手配します。

お時間をいただきありがとうございます。何卒よろしくお願い申し上げます。

敬具
John

John 将邮件翻译成日文，可以帮助确保邮件中的信息被正确地传达给日本客户。此外，提供日语翻译还表示重视客户，并愿意为了与他们建立更好的关系而做出努力。

ChatGPT 相对于传统翻译软件的优势在于其使用了深度学习技术进行语言模型的训练，能够更好地理解上下文和语境，提供更加自然和流畅的翻译结果。与传统的基于规则的机器翻译相比，ChatGPT 能够更好地处理复杂的语法结构和语义信息，使翻译结果更加准确和符合人类的语言习惯。同时，ChatGPT 还可以与用户进行自然的交流，理解用户的需求和意图，提供更加个性化的翻译服务。

总之，使用 ChatGPT 学习不同文化的沟通方式和习惯，以及使用 ChatGPT 进行翻译，可以帮助我们更好地进行跨文化沟通，增强全球化意识和跨文化交流的能力，促进跨国合作和发展。

2.4 小结

在职场中，良好的沟通能力是非常重要的一项技能。本章介绍了利用 ChatGPT 提高职场沟通能力，从邮件、简历等文本到演讲、辩论等领域，再到跨文化沟通中的应用，都提供了丰富的实例。

在文本方面，我们可以利用 ChatGPT 来优化邮件、简历等，生成更加简洁明了的产品说明书、优秀的新闻稿和推荐信，以及优化项目汇报。这些技能将提高我们的工作效率。

在辩论、演讲等领域，我们可以利用 ChatGPT 来提高演讲稿的逻辑性和流畅性，生成更加引人入胜的演讲内容。我们还可以利用 ChatGPT 来模拟辩论比赛，锻炼自己的辩论技巧。

在跨文化沟通方面，ChatGPT 可以帮助我们学习不同文化的沟通方式和习惯，并且编写多语言邮件和文档。这将帮助我们更好地与国际团队合作，并且更好地理解不同文化的差异。

第3章 利用ChatGPT提升工作效率

在竞争激烈的职场环境中，提升工作效率对于职业发展至关重要。作为一款人工智能语言模型，ChatGPT在各个领域都有着广泛的应用，可以帮助人们在日常工作中实现更高效的任务处理、信息筛选和知识管理。

本章主要介绍了如何利用ChatGPT提升工作效率，涉及以下知识点：

- 利用ChatGPT进行任务安排、日程管理
- 运用ChatGPT进行信息筛选、知识管理
- 借助ChatGPT提升各类办公软件的效率

通过学习本章内容，你将了解如何充分利用ChatGPT提高工作效率，从而在职场中获得更多的竞争力。

3.1 ChatGPT在任务安排、日程管理等领域的应用

在忙碌的工作生活中，我们往往需要通过任务安排和日程管理来提高自己的效率。ChatGPT作为一款人工智能语言模型，在这些领域有着广泛的应用，可以帮助我们更加有效地生成待办事项清单、优化日程安排和时间管理。

3.1.1 利用ChatGPT生成更加有效的待办事项清单

在现代职场中，时间管理和任务安排是非常重要的技能。通过将待办事项的详细描述输入ChatGPT中，可以自动生成更加清晰明了的待办事项清单，并且按照时间、优先级等关键词进行排序，以帮助我们更好地安排时间和优先级。

以下是一个待办事项的样例，如 3-1 所示。

3-1　待办事项样例

1. 与客户进行沟通，并确定项目进度。
2. 完成市场调查报告，并提交给经理。
3. 编辑并审核最新的客户报告。
4. 与团队讨论新项目的方案。

上面的待办事项太过笼统，我们没办法判断需要花费的精力和时间。我们可以使用 ChatGPT 来重新规划待办事项，以下是提示语，如 3-2 所示。

3-2　优化待办事项提示语

我要你做我的时间管理向导。请根据我的待办事项清单，帮我合理地重新安排这些事项。不要写解释，只需提供建议和必要的信息。

我的待办事项清单如下。

1. 与客户进行沟通，并确定项目进度。
2. 完成市场调查报告，并提交给经理。
3. 编辑并审核最新的客户报告。
4. 与团队讨论新项目的方案。

ChatGPT 根据上述提示语中的需求，生成的新待办事项如 3-3 所示。

3-3　ChatGPT 生成的新待办事项

根据您提供的待办事项清单，我给出以下重新安排和时间管理建议。

1. 与客户进行沟通，并确定项目进度。建议将此任务安排在工作日的早上，此时您的思维清晰、能量充沛。预留时间为 1 小时。

2. 完成市场调查报告，并提交给经理。建议将此任务安排在工作日的中午或下午，当您完成了更加优先的任务后，也不会感到疲劳。预留时间为 2 小时。

3. 编辑并审核最新的客户报告。建议将此任务安排在工作日的下午，因为这需要您更加专注、深入地阅读和审查内容。预留时间为 2 小时。

4. 与团队讨论新项目的方案。建议将此任务安排在工作日的晚上，此时您完成了一天中的其他任务，有足够的时间来集中精力讨论和思考。预留时间为 1 小时。

总计所需时间为 6 小时。请注意，如果您实际完成任务的时间更短或更长，可以根据情况进行适当调整。另外，如果您有任何其他需要处理的事项，请告诉我，我会帮助您进行时间管理。

ChatGPT 生成的待办事项清单为每个任务分配了具体的时间段，并且考虑了不同任务的优先级和注意力需求，从而使工作人员能够更好地集中精力完成任务。

说明： 我们也可以将 ChatGPT 生成的待办事项清单导入其他时间管理和任务安排工具中，如 ToDoList、Trello 等，以实现更高效的任务管理。

3.1.2 利用 ChatGPT 生成更加精准的日程安排

当我们有了清晰明确的待办事项清单后，接下来需要考虑的就是如何将这些任务合理地分配到不同的时间段中，从而实现更加高效的日程安排。在这方面，我们同样可以利用 ChatGPT 的技术来生成更加精准的日程安排。

与生成待办事项清单类似，我们可以将需要完成的任务输入 ChatGPT 中，让它帮助我们生成一个具有时间戳和优先级的日程安排表。例如，下面是一个简单的任务清单，如 3-4 所示。

3-4 任务清单样例

早上 9 点到 10 点：检查邮件并回复紧急邮件。
早上 10 点到 11 点：处理文档 A。
中午 12 点到下午 1 点：午餐休息时间。
下午 1 点到 3 点：参加会议。
下午 3 点到 4 点：安排下一周的工作计划。
下午 4 点到 5 点：完成文档 B 的编辑工作。

我们可以将这些任务输入 ChatGPT 中，让它自动生成一个具有时间戳和优先级的日程安排表，以下是提示语，如 3-5 所示。

3-5 优化日程安排提示语

我要你做我的时间管理向导。请根据我的日程安排，帮我合理地重新安排这些事项。不要写解释，只需提供建议和必要的信息。

我的日程安排如下。

早上 9 点到 10 点：检查邮件并回复紧急邮件。

早上 10 点到 11 点：处理文档 A。

中午 12 点到下午 1 点：午餐休息时间。

下午 1 点到 3 点：参加会议。

下午 3 点到 4 点：安排下一周的工作计划。

下午 4 点到 5 点：完成文档 B 的编辑工作。

根据上面我的需求，直接给我一个日常安排表，表格中必须包含时间戳和优先级。

ChatGPT 根据上述提示语中的需求，生成的日程安排表如表 3.1 所示。

表 3.1　ChatGPT 优化的日程安排表

时间戳	任务	优先级
9:00	处理紧急邮件	高
9:30	回复常规邮件	中
10:00	处理文档 A	高
12:00	午餐休息时间	低
13:00	参加会议	高
15:00	安排下一周的工作计划	中
16:00	完成文档 B 的编辑工作	高

表 3.1 中的日程安排表为每个任务分配了具体的时间戳，并且考虑了不同任务的优先级和时间需求，从而使工作人员能够更好地集中精力完成任务。此外，我们还可以根据实际情况调整时间安排，以适应不同

的工作需求。

总之，利用 ChatGPT 的技术生成更加精准的日程安排表可以帮助我们更好地管理时间和任务，提高工作效率。除此之外，我们还可以将 ChatGPT 生成的日程安排表与其他时间管理工具集成，如 Google 日历、Outlook 等，以实现更加高效的任务管理。

3.1.3 利用 ChatGPT 进行任务分配和协作

在团队中，不同的成员可能会有不同的任务分配和时间安排，需要进行合理的协调和分配。利用 ChatGPT 的技术，我们可以输入每个成员的任务清单和时间限制，让它自动生成一个具有时间戳和优先级的任务分配表，以帮助团队更好地完成任务。

例如，假设一个团队需要两天完成以下任务清单，如表 3.2 所示。

表 3.2 团队任务清单

任务名称	任务描述	所需时间
任务 1	设计 PPT 模板	2 小时
任务 2	制作 PPT 演示文稿	5 小时
任务 3	整理文档	3 小时
任务 4	准备会议资料	2 小时
任务 5	组织会议	2 小时
任务 6	编写报告	6 小时

我们可以将这些任务输入 ChatGPT 中，让它自动生成一个具有时间戳和优先级的任务分配表，以下是提示语，如 3-6 所示。

3-6 任务分配和协作提示语

我要你做我的任务分配和协作向导。请根据我的任务清单和时间限制，给我一个合理的任务分配表。不要写解释，只需提供建议和必要的信息。

我们团队的任务清单如下。

任务名称　任务描述　所需时间

任务 1　设计 PPT 模板　2 小时

任务 2　制作 PPT 演示文稿　5 小时

任务 3　整理文档　3 小时

任务 4　准备会议资料　2 小时

任务 5　组织会议　2 小时

任务 6　编写报告　6 小时

根据上面的需求，生成一个两天的任务分配表，表格中必须包含时间戳和优先级。

ChatGPT 根据上述提示语中的需求，生成的任务分配表如表 3.3 所示。

表 3.3　ChatGPT 优化的任务分配表

时间戳	任务名称	所需时间	优先级
9:00	设计 PPT 模板	2 小时	高
11:00	制作 PPT 演示文稿	5 小时	高
16:00	整理文档	3 小时	中
20:00	准备会议资料	2 小时	高
10:00	组织会议	2 小时	中
13:00	编写报告	6 小时	低

表 3.3 为每个任务分配了具体的时间段，并且考虑了不同任务的优先级和时间需求，使团队成员能够更好地协作完成任务。在实际应用中，团队成员可以根据任务分配表，分别完成自己的任务，并在完成后及时反馈进度，以便及时调整任务分配表，实现更好的协作效果。

除了任务分配表，ChatGPT 还可以生成任务进度表、任务分工表、负责人分配表等其他相关的协作工具，帮助团队更好地完成任务。同时，我们还可以利用 ChatGPT 的技术，对团队成员的工作效率和任务完成情况进行分析和评估，以实现更好的任务管理和协作效果。

3.1.4 利用 ChatGPT 进行项目管理和进度跟踪

当我们面对复杂的项目时，常常需要对各个子任务进行分配和追踪，以确保项目按计划进行并及时完成。在这方面，ChatGPT 可以帮助我们自动生成任务分配表和进度跟踪表，简化项目管理的过程。

例如，下面是一个简单项目的任务列表，包括了若干子任务和预计完成时间，如表 3.4 所示。

表 3.4　简单项目的任务列表

任务名称	预计完成时间（天）
制订项目计划	3
收集需求	5
制订设计方案	7
开发代码	14
测试代码	7
部署和实施	7

我们可以将这些任务输入 ChatGPT 中，让它自动生成一个任务分配表和进度跟踪表，以下是提示语，如 3-7 所示。

3-7　项目管理和进度跟踪的提示语

我要你做我的项目管理向导。请根据我的项目任务清单，帮我制订一个任务分配表和进度跟踪表。如果需要额外的信息，你可以向我提问，不需要写解释，只需提供建议和任何必要的信息。

我的项目任务清单如下。
任务名称　　　　预计完成时间（天）
制订项目计划　　3
收集需求　　　　5
制订设计方案　　7
开发代码　　　　14

测试代码　　　　　7
部署和实施　　　　7
根据上面的需求，直接给我一个任务分配表和进度跟踪表，表格中必须包含任务、负责人、预计完成时间和实际完成时间。

ChatGPT 根据上述提示语中的需求，生成的任务分配表和进度跟踪表分别如表 3.5 和表 3.6 所示。

表 3.5　ChatGPT 生成的任务分配表

任务	负责人	预计完成时间（天）
制订项目计划	Alice	3
收集需求	Bob	5
制订设计方案	Charlie	7
开发代码	David	14
测试代码	Ellen	7
部署和实施	Alice	7

表 3.6　ChatGPT 生成的进度跟踪表

任务	负责人	预计完成时间（天）	实际完成时间（天）
制订项目计划	Alice	3	3
收集需求	Bob	5	6
制订设计方案	Charlie	7	7
开发代码	David	14	16
测试代码	Ellen	7	7
部署和实施	Alice	7	7

在上述任务分配表中，ChatGPT 根据不同任务的预计完成时间和负责人，为每个任务分配了具体的负责人，并根据预计完成时间和实际完成时间来跟踪任务的进度。在进度跟踪表中，我们可以看到每个任务的

预计完成时间和实际完成时间，这些信息可以帮助我们及时发现和解决项目中的问题，并做出相应的调整，从而确保项目按计划进行。

3.2 ChatGPT 在信息筛选、知识管理等领域的应用

随着信息时代的到来，我们每天都要面对海量的信息，如何从中筛选出有用的信息，成了一个重要的问题。ChatGPT 作为一种强大的工具，可以帮助我们进行信息筛选和过滤，提高信息获取的效率和质量。

3.2.1 利用 ChatGPT 进行信息检索和过滤

在信息爆炸的时代，我们经常需要快速且准确地检索和过滤信息。ChatGPT 可以帮助我们实现这一目标，通过输入关键词和问题，它可以自动搜索和过滤与我们需要的信息相关的内容。

以下例子演示了如何使用 ChatGPT 进行信息检索和过滤，如 3-8 所示。

3-8 ChatGPT 检索人工智能

【用户】：

我需要查找关于人工智能的最新研究成果和趋势，请帮我过滤和筛选相关信息。如果需要，你可以向我提问，以便更好地了解我的需求。

【ChatGPT】：

当谈到人工智能的最新研究成果和趋势时，有几个主要的方向和领域需要考虑。以下是一些问题，以帮助我更好地了解您的需求，并为您提供有用的信息。

您对人工智能的哪些应用领域有特别的兴趣？例如，自然语言处理、机器学习、计算机视觉、智能机器人等。

您是否对特定的研究机构、公司或学者感兴趣？例如，OpenAI、Google Brain、Andrew Ng 等。

您对最新的人工智能技术和工具有什么了解？例如，Transformer 模型、GAN、BERT 等。

您对人工智能的社会和伦理问题是否有关注？例如，AI 如何影响就业市场、

如何处理隐私和数据安全等问题。

请回复这些问题，以便我更好地了解您的需求，然后提供有用的信息和资源。

【用户】：

我需要 OpenAI 最新的研究成果。

【ChatGPT】：

OpenAI 是一个非营利性研究机构，致力于推进人工智能技术的发展，其最新的研究成果包括但不限于以下几个方面。

1.GPT-3：GPT-3 是 OpenAI 开发的一种语言模型，具有 1750 亿个参数，是目前最大的语言模型之一。它可以进行各种自然语言处理任务，例如，语言生成、语言翻译和对话生成等。该模型在 2020 年 6 月发布，并得到了广泛的关注和应用。

2.DALL·E：DALL·E 是 OpenAI 开发的一种图像生成模型，可以将自然语言描述转换为图像。例如，如果给出“一个绿色的圆形沙发，上面有一只印有水母图案的猫”，DALL·E 可以生成相应的图像。该模型在 2021 年 1 月发布，并在社交媒体上引起了广泛的关注。

3.Codex：Codex 是 OpenAI 开发的一种自动编码模型，可以自动完成编程任务。Codex 基于 GPT-3 模型，并使用了 GitHub 上的大量代码库，能够自动完成代码的编写和修复等任务。该模型在 2021 年 6 月发布，受到了广泛的关注。

4.MuZero：MuZero 是一种能够在没有先验知识的情况下学习游戏策略的模型。与其他游戏 AI 不同的是，MuZero 可以在学习策略和价值函数的同时学习环境模型。该模型在 2020 年 11 月发布，并在 AlphaZero 的基础上进行了改进。

以上仅是 OpenAI 的最新研究成果，如果您对特定方向的研究更感兴趣，可以在 OpenAI 的官方网站上查找更多信息。

根据以上对话内容，ChatGPT 在信息检索和过滤方面表现出了很高的智能水平。ChatGPT 通过询问用户的兴趣点，更好地理解用户需求，并向用户提供了 OpenAI 最新的研究成果，包括 GPT-3、DALL·E、Codex 和 MuZero 等方面的信息。

值得一提的是，由于 ChatGPT 的训练数据集是到 2021 年年底，在信息检索方面，并不能准确地获取最新的信息。针对不实时的问题，在现有的基础上，我们可以通过以下几个方法来改善。

方法一：利用基于最新 GPT-4 模型的 New Bing

微软的 New Bing（新必应）基于 GPT-4 模型，相比基于 GPT-3.5 模型的 ChatGPT 领先半个世代。New Bing 集成了 Edge 浏览器的数据资源，功能更加强大，可以提供更准确、更有针对性的搜索结果。此外，New Bing 还提供了 3 种模式，分别是平衡、创造和精确，满足不同用户的搜索需求。

用户可以通过必应官网登录个人账户，申请 New Bing 的体验。获取体验权限后，重新进入链接会看到以下界面，如图 3.1 所示。

图 3.1　New Bing 的体验界面

单击 Chat now 按钮，即可与 New Bing 进行交互。我们可以尝试问上文提到的问题，结果如图 3.2 所示。

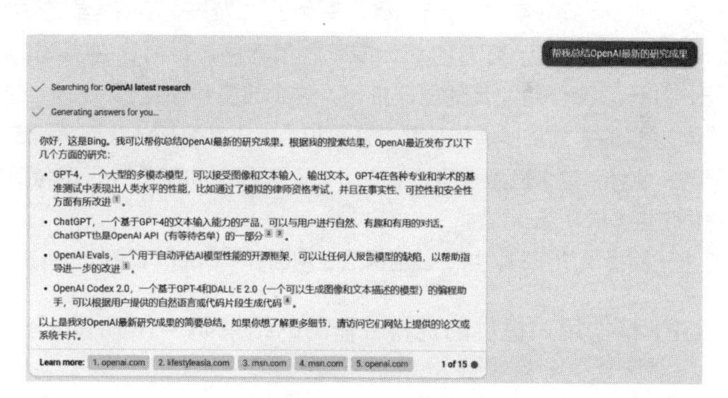

图 3.2　New Bing 的搜索结果

从图 3.2 中可以看到，New Bing 先通过搜索关键词获取结果，再利用 GPT-4 检索和过滤。相比于已有的 ChatGPT，New Bing 能够获取更加准确和实时的信息。

方法二：在 ChatGPT 中输入大量的最新结果，让 ChatGPT 从中检索出有用的信息

参考方法一的做法，我们仍然可以通过传统的 ChatGPT 来检索最新的消息，只是在提问中需要给 ChatGPT 提供足够的信息。还是围绕上面的问题讲解，提示语设置如 3-9 所示。

3-9　ChatGPT 实时检索提示语

现在我提供以下资料。

1.OpenAI 正准备发布一款新的开源语言模型。这个新的模型可能会进一步推动生成式 AI 在科技公司中的应用和发展。

2.OpenAI 已经设立了一个 100 万美元的基金，旨在支持关于如何管理 AI 软件以解决偏见等问题的实验。这个基金将会提供 10 个等额的资助，每个资助金额为 10 万美元。

3.OpenAI 正在积极呼吁对 AI 进行监管，并且考虑从欧盟退出，因为他们认为欧盟的 AI 法案过于严格。尽管如此，OpenAI 仍然坚持 AI 应该尽可能惠及所有人，并且正在采取措施实现这个目标。

4.OpenAI 发布了新版的聊天机器人——GPT-4。GPT-4 在大多数专业和学术考试上都展现出了“人类的水平”。然而，报告也指出了这个程序可能会产生“风险行为”的潜力，例如，误导用户，进行网络钓鱼攻击，以及产生不适当或违法的行为。

5.OpenAI 最近推出了官方的 ChatGPT 应用程序，目前已在美国的 iOS 用户中推出，并计划不久后在其他国家推出。这个应用程序提供了一种即时访问 ChatGPT AI 模型的方式，提供了从即时答案和个性化学习到创意灵感和专业输入的各种服务。此外，这个应用程序还提供了一个名为 ChatGPT Plus 的付费服务，为用户提供了更多的功能。

请根据上面提供的资料，用一段话概括性地回答“OpenAI 最新的研究成果”。

ChatGPT 根据用户提供的资料，输出的结果如 3-10 所示。

3-10　ChatGPT 输出的结果

OpenAI 最新的研究成果包括即将发布的新开源语言模型、设立的基金支持 AI 软件治理实验、对 AI 监管的呼吁，以及发布的 GPT-4 聊天机器人。这些成果展示了 OpenAI 在推动生成式 AI 在科技公司应用和发展方面的努力。然而，报告也提到了 GPT-4 可能产生风险行为的潜力。此外，OpenAI 还推出了官方的 ChatGPT 应用程序，为用户提供即时访问 AI 模型的方式，并提供了付费服务 ChatGPT Plus，为用户提供更多功能。总体而言，OpenAI 的最新研究成果显示了他们在语言模型、AI 治理和应用推广方面的持续进展。

注意： 虽然方法二可以获取最新的实时数据，但是从结果来看，该方法非常依赖用户提供给 ChatGPT 的数据质量，并且每次的提示语不能超过 4000 个“token”（GPT-4 是 32000，通常情况下一个中文词语被分成一个或两个“token”）。因此若用户需要检索最新的信息，建议使用基于 GPT-4 的 New Bing。

3.2.2 利用 ChatGPT 进行文献综述和摘要

在学术研究中，文献综述和摘要是非常重要的环节。文献综述可以帮助研究者了解某个领域的发展状况、研究现状和研究趋势，有助于研究者对自己的研究方向做出更加明晰的判断和选择。而文献摘要则可以帮助研究者更好地理解文献的内容，抓住重点和核心，有助于提高研究者的阅读效率和分析能力。利用 ChatGPT 的技术，我们可以输入文献的摘要或关键词，让它自动生成文献综述和摘要，以帮助研究者更好地进行学术研究。

例如，假设我们需要对 ChatGPT 的研究进行综述，我们可以整理资料并提供给 ChatGPT，提示语如 3-11 所示。

3-11　ChatGPT 文献综述提示语

现在我需要一份关于“人工智能算法”的文献综述，资料如下。

1.【人工智能算法的发展历程】：人工智能的起源可追溯到 1943 年，McCulloch 和 Pitts 首次提出了人工神经网络的模型。在 1956 年，人工智能正式被命名，并开始吸引大量研究者。然而，在 20 世纪 80 年，由于研究成果难以落地，人工智能经历了第一次“寒冬”。到了 20 世纪 90 年代末，由于深度学习、数据挖掘等新兴技术的发展，人工智能再度热起来，然后又进入了第二次“寒冬”。在 21 世纪，随着大数据、云计算的快速发展，以及算法的日益成熟，人工智能开始进入第三次高潮。

2.【人工智能算法的定义与种类】：人工智能算法是利用计算机模拟和实现人类智能的一种方式。常见的人工智能算法包括神经网络、决策树、遗传算法和支持向量机等。神经网络模拟了人脑神经元的工作方式，决策树是通过树形结构来进行决策，遗传算法模仿生物进化过程中的自然选择和遗传学机制，支持向量机则是一种监督学习算法。

3.【人工智能算法在机器学习中的应用】：人工智能算法在机器学习中扮演了重要的角色。例如，神经网络和决策树常常用于分类和回归问题，遗传算法则在优化问题中表现出色，支持向量机也常常用于分类和回归问题。而深度学习，是基于神经网络的延伸，则在图像和语音识别等领域有重要应用。

4.【人工智能算法在深度学习中的应用】：深度学习是机器学习中的一个重要领域，也是近年来人工智能最为活跃的领域。深度学习主要依赖于深度神经网络，这些网络模拟了人脑神经元的连接方式，并能自动提取特征进行学习。深度学习在许多领域都有应用，如计算机视觉、自然语言处理、语音识别等。

5.【人工智能算法在自然语言处理中的应用】：自然语言处理是人工智能的一个重要分支，它的目标是让计算机能理解和生成人类语言。近年来，深度学习在自然语言处理中有重要应用，例如，词向量、循环神经网络（RNN）、长短期记忆（LSTM）和 Transformer 等模型在语义理解、机器翻译、文本生成等任务中表现突出。

分别对每一份资料总结并摘要，再根据摘要用一段话输出综述内容。

ChatGPT 会根据用户的需求输出综述，如 3-12 所示。

3-12　ChatGPT 输出的文献综述

根据提供的资料，可以了解到人工智能算法的发展经历了多次热潮和低谷，目前处于第三次热潮阶段。人工智能算法是指用计算机模拟人类智能行为的一种方法，主要包括神经网络、决策树、遗传算法、支持向量机等多种算法。这些算法在机器学习、深度学习、自然语言处理等领域有广泛应用，是人工智能领域的核心技术。

ChatGPT 生成的文献综述和摘要报告涵盖了文献的主要内容和贡献，使研究者可以更加便捷地了解文献的核心思想和应用场景。同时 ChatGPT 还可以根据用户的需求和文献特点，生成不同形式和风格的文献综述和摘要，以帮助研究者更好地进行文献阅读和分析。

当然，我们也可以直接利用基于 GPT-4 的 New Bing 来获取综述，如图 3.3 所示。我们也可以将 New Bing 搜索出的结果和链接里的内容再输入上面的提示语中，优化 ChatGPT 生成的内容，从而获取最佳答案。

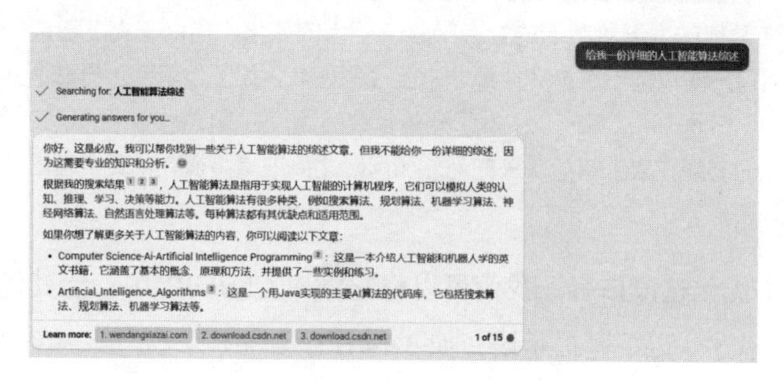

图 3.3 New Bing 的综述结果

总之，利用 ChatGPT 进行文献综述和摘要可以大大提高研究者的工作效率和学术水平，有助于推动学术研究的发展。在实际应用中，我们需要注意输入的摘要或关键词应该尽可能全面和准确，以保证 ChatGPT 生成的文献综述和摘要的准确性和完整性。

3.3 ChatGPT 在办公软件中的应用

在现代办公软件中，ChatGPT 可以用于各种任务，例如，更高效的 Word 文档编辑、Excel 数据处理、PPT 演示和 Outlook 邮件管理。ChatGPT 可以通过智能化技术，提供实时建议、文本预测和自动生成，以便用户更快地完成任务。

3.3.1 利用 ChatGPT 提高 Word 使用效率

在日常工作中，Word 是我们经常使用的文档处理工具之一。然而，有时候我们会遇到一些比较复杂的文档，需要花费很长时间进行编辑和排版。此时，我们可以利用 ChatGPT 来提高 Word 的使用效率，让它帮助我们快速完成文档的编辑和排版工作。

以下是一个文本样例，如 3-13 所示。

3-13 初始的 Word 段落

人工智能的发展给我们的社会带来了巨大的变化。借助于人工智能，我们现在可以执行一些以前不可能完成或非常困难的任务，如图像识别、自然语言处理和自动驾驶。然而，人工智能也引发了一些社会问题，如工作替代、隐私侵犯和偏见。因此，我们必须在人工智能带来的利益和风险之间取得平衡，并负责任地使用人工智能。

为了优化这段内容，我们可以将它输入 ChatGPT 中，让其优化我们的 Word 描述。以下是提示语，如 3-14 所示。

3-14 优化 Word 文档的提示语

我想让你成为我的 Word 文档助手，可以帮我更快速、更准确地完成文档。我会提供一个初始的段落内容，你可以根据我的需求，对文档进行优化。不要写解释，只需提供建议和必要的信息。

这是我的初始内容：

"人工智能的发展给我们的社会带来了巨大的变化。借助于人工智能，我们现在可以执行一些以前不可能完成或非常困难的任务，如图像识别、自然语言处理和自动驾驶。然而，人工智能也引发了一些社会问题，如工作替代、隐私侵犯和偏见。因此，我们必须在人工智能带来的利益和风险之间取得平衡，并负责任地使用人工智能。"

我的需求是对上面的文档进行优化，使描述更专业、生动和具体。

直接给我修改后的文档内容。

ChatGPT 根据上述提示语中的需求，优化后的段落如 3-15 所示。

3-15 ChatGPT 优化后的段落

以下是对初始段落内容的修改：

人工智能的快速发展给社会带来了翻天覆地的变革。借助于人工智能，我们如今能够完成以往几乎不可能完成或极为艰巨的任务，如图像识别、自然语言处理和自动驾驶等。然而，这股潮流也引发了一系列社会难题，包括工作岗位被取代、隐私权受到侵犯和存在偏见等问题。因此，我们必须在追求人工智能带来的利益和降低风险之间取得平衡，以负责任的态度应用人工智能技术。

ChatGPT 的优化后的段落更加清晰、精简，表达也更加流畅。

当然，我们也可以继续与 ChatGPT 进行对话，让它对文档进行更加深入的优化。以下是提示语，如 3-16 所示。

3-16　总结 Word 文档的提示语和结果

【用户】：

用一句话总结上面文档的内容。

【ChatGPT】：

人工智能的迅猛发展为社会带来了巨大变化，但我们必须平衡利益与风险，负责任地应用其技术。

当文档特别长的时候，除了将 Word 里面的内容复制到 ChatGPT 中，我们也可以通过直接调用 ChatGPT API 的方式来处理。

现在以 Python 为例，首先我们需要通过命令安装对应的库，如 3-17 所示。

3-17　安装 OpenAI Python 库

```
pip install openai
pip install python-docx
```

然后通过调用 API 的方式，获取 ChatGPT 的答案，代码如 3-18 所示。

3-18　调用 ChatGPT API 代码

```
import os
import openai
import docx

openai.api_key = "OpenAIUtils.API_KEY"

def read_word_docx(file_path):
    doc = docx.Document(file_path)
    full_text = []
    for para in doc.paragraphs:
```

```
            full_text.append(para.text)
        return ''.join(full_text)

    def get_answer(passage):
        _prompt = f"我想让你成为我的 Word 文档助手，可以帮我更快速、更准确地完成文档。我会提供一个初始的段落内容，你可以根据我的需求，对文档进行优化。不要写解释，只需提供建议和必要的信息。这是我的初始段落内容：\n"\
                  f"{passage}\n"\
                  f"我的需求是对上面的文档：拼写错误纠错、替换一些关键词，直接给我修改后的文档内容。"
        _messages = [{"role": "system", "content": "你是一个 AI 写作助手。你的任务是帮助用户写出行文优美的优秀的内容。"},
                     {"role": "user", "content": _prompt}]
        response = openai.ChatCompletion.create(
        model="gpt-3.5-turbo",
            messages=_messages,
            temperature=0.5,
            max_tokens=150,
            frequency_penalty=0.0,
            presence_penalty=0.0,
            stop=None,
            stream=False)
        return response ["choices"][0]["message"]["content"]

    if __name__ == '__main__':
        passage = read_word_docx('test.docx')
        answer = get_answer(passage)
        print(answer)
```

通过以上代码，最终也会输出类似的结果。

说明： 上面代码中“OpenAIUtils.API_KEY”需要用户手动填写自己账户的 Key，并且 OpenAI 会根据用户请求的 token 数来收费。

综上所述，通过使用 ChatGPT 进行 Word 文本优化，我们不仅可以

纠正拼写错误和语法错误，还可以选择更准确、更恰当的关键词，提高文本的可读性和可理解性。同时，ChatGPT 还可以总结文本内容，提取关键信息，让文本更加简洁明了，更容易被人们理解和应用。这些操作可以大大提高我们使用 Word 的效率，使我们能够更加轻松、快速地完成文本编辑任务。

注意： ChatGPT 并不是完美的工具，它可能会出现一些错误或不准确的情况。因此，在使用 ChatGPT 进行文本处理时，需要仔细检查和核对结果，以确保文本的准确性。此外，如果遇到一些复杂或特殊的情况，可能需要人工处理或调整，不能完全依赖 ChatGPT 来完成。

3.3.2 利用 ChatGPT 提高 Excel 使用效率

在Excel中，我们常常需要进行数据分析、图表制作、公式计算等操作，这些操作都需要花费大量的时间和精力。ChatGPT 可以帮助我们更加便捷地进行这些操作，提高工作效率。

以下是一个利用 ChatGPT 提高 Excel 使用效率的例子，假设我们有一个包含了大量销售数据的 Excel 表格，其中包括了销售日期、产品名称、销售数量、销售金额等信息。我们需要对这些数据进行统计和分析，并生成相应的图表。这个任务非常复杂，我们可以利用 ChatGPT 生成一段 Python 代码，以便快速实现这个任务，用户和 ChatGPT 的对话过程如 3-19 所示。

3-19 利用 ChatGPT 提高 Excel 使用效率

【用户】：

我需要对一个 Excel 表格进行数据分析和图表制作，你能帮我写一段 Python 代码吗？

【ChatGPT】：

当然可以。请告诉我表格的名称和位置。

【用户】：

表格名称是“sales_data”，位置是“C:\Users\username\Documents”。

【ChatGPT】：

请描述一下你需要进行的数据分析和图表制作任务。

【用户】：

我需要对这些销售数据进行统计和分析，包括销售总量、销售额、每个产品的销售情况等。同时，我还需要生成相应的柱状图和饼图，以便更好地展示这些数据。

【ChatGPT】：

好的，我可以为你生成一段 Python 代码，以实现这个任务。以下是代码：

```
# 导入所需的库
import pandas as pd
import matplotlib.pyplot as plt

# 读取 Excel 表格
df = pd.read_excel(r'C:\Users\username\Documents\sales_data.xlsx')

# 统计销售总量和销售额
total_sales = df[' 销售数量 '].sum()
total_revenue = df[' 销售金额 '].sum()

# 统计每个产品的销售情况
product_sales = df.groupby(' 产品名称 ')[' 销售数量 '].sum()

# 生成柱状图
product_sales.plot(kind='bar')
plt.title(' 每个产品的销售情况 ')
plt.xlabel(' 产品名称 ')
plt.ylabel(' 销售数量 ')
plt.show()
```

```
# 生成饼图
product_revenue = df.groupby(' 产品名称 ')[' 销售金额 '].sum()
product_revenue.plot(kind='pie')
plt.title(' 每个产品的销售额 ')
plt.show()
```

这段代码将会读取名为“sales_data.xlsx”的 Excel 表格，并统计出销售总量、销售额、每个产品的销售情况等信息。同时，它还会生成柱状图和饼图，以便更好地展示这些数据。

通过将 ChatGPT 给出的代码复制到 PyCharm 中运行，可以大大提高我们使用 Excel 的效率，从而实现 Excel 自动化。

说明： 也可以通过 ChatGPT 生成 Excel 中的 VBA 命令，直接在 Excel 中进行操作。因为这和 Python 类似，所以本章将不再赘述，有兴趣的读者可以自行查阅相关资料。

除了以上示例，ChatGPT 还可以帮助我们进行其他各种类型的 Excel 操作，如筛选、合并单元格、格式调整等，从而更加高效地处理和分析数据。

3.3.3 利用 ChatGPT 提高 PPT 使用效率

在 PPT 中，我们常常需要进行幻灯片制作、排版设计、图片插入等操作，这些操作都需要花费大量的时间和精力。ChatGPT 可以帮助我们更加便捷地进行这些操作，提高工作效率。值得一提的是，ChatGPT 甚至可以直接帮我们生成一个完整的 PPT。

下面我们将通过一个例子展示 ChatGPT 如何生成一个全新的 PPT。现假设小明是一家科技公司的销售人员，公司发布了一套智能家居系统，小明需要写一份销售 PPT，可以借助 ChatGPT 来完成这个任务，提示语如 3-20 所示。

3-20　生成 PPT 的提示语

我想让你扮演一个销售专家，你擅长的领域是软件销售，并且你非常熟悉所有软件的开发流程和销售理念。

现在公司发布了一款智能家居系统。

请根据 SPIN 销售法，准备一份 PPT 的大纲。其中 PPT 的每一页都必须包含以下内容：

- 标题
- 亮点
- 内容

并且每一页根据标题配一幅对应的图片。

请直接给我完整的大纲。

[!] **说明：** SPIN 销售法是一种通过提问来引导销售过程的方法。SPIN 代表着情境（Situation）、问题（Problem）、影响（Implication）和需求（Need）。这个框架可以帮助销售人员或演讲者，在销售过程中了解客户的情况和问题，并提供相关的解决方案。

ChatGPT 根据上述提示语中的需求构建的大纲如 3-21 所示（下面的网址仅针对本案例作为参考，了解 ChatGPT 会为文字进行配图即可）。

3-21 ChatGPT 构建的 PPT 大纲

智能家居系统概述

亮点：全面了解我们的智能家居系统

内容：介绍智能家居系统的定义、目标和核心功能

图片：https://source.unsplash.com/1600x900/?smart-home

家庭安全和监控

亮点：保护您的家庭，让您安心

内容：详细介绍安全和监控功能，如门窗传感器、摄像头和报警系统

图片：https://source.unsplash.com/1600x900/?home-security

节能与环保

亮点：降低能耗，保护环境

内容：介绍节能措施，如智能恒温器、灯光控制和能源管理系统

图片：https://source.unsplash.com/1600x900/?energy-saving

便捷家居控制

亮点：一键控制，生活更轻松

内容：讲述如何通过手机应用、语音助手等方式轻松控制家居设备

图片：https://source.unsplash.com/1600x900/?home-automation

娱乐与生活品质提升

亮点：打造个性化的家庭娱乐体验

内容：介绍多媒体系统，如智能音响、投影仪和互联网电视等设备

图片：https://source.unsplash.com/1600x900/?home-entertainment

客户案例分析

亮点：真实案例，见证智能家居系统的价值

内容：分享客户使用智能家居系统的经验和反馈，展示系统如何改善他们的生活

图片：https://source.unsplash.com/1600x900/?customer-testimonial

技术支持与售后服务

亮点：全方位的技术支持和售后服务

内容：介绍公司的技术支持团队，培训资源和售后服务政策

图片：https://source.unsplash.com/1600x900/?technical-support

购买与定价方案

亮点：灵活的定价方案，满足各种预算需求

内容：讲解不同的购买选项，包括硬件、软件和服务费用

图片：https://source.unsplash.com/1600x900/?pricing-options

与我们合作的优势

亮点：选择我们，共创美好未来

内容：总结公司的竞争优势，包括行业经验、创新技术

图片：https://source.unsplash.com/1600x900/?collaboration

成功案例与客户评价

亮点：客户的满意是我们的动力

内容：展示成功案例，分享客户对我们智能家居系统的满意评价
图片：https://source.unsplash.com/1600x900/?customer-satisfaction

Q&A 环节
亮点：解答您的疑虑，让您了解更多
内容：为观众解答关于智能家居系统的问题和疑虑
图片：https://source.unsplash.com/1600x900/?questions-and-answers

结束语
亮点：感谢您的关注，期待与您合作
内容：感谢观众的参与，表达期待与他们建立合作关系的愿望
图片：https://source.unsplash.com/1600x900/?thank-you

小明可以直接参考 ChatGPT 给出的大纲开始创作 PPT，甚至还能让 ChatGPT 根据已有的图片和大纲以 VBA 的形式输出 PPT，结果如 3-22 所示。

3-22　VBA 形式的 PPT

```
Sub CreatePresentation()

  Dim myPresentation As PowerPoint.Presentation
  Dim mySlide As PowerPoint.Slide
  Dim myLayout As PowerPoint.CustomLayout
  Dim myShape As PowerPoint.Shape
  Dim slideContent() As Variant
  Dim slideImages() As Variant
  Dim i As Integer

  ' Slide contents and images
   slideContent = Array("1. 智能家居系统概述", "2. 家庭安全和监控",
"3. 节能与环保", "4. 便捷家居控制", "5. 娱乐与生活品质提升", "6. 客户案例分析",
"7. 技术支持与售后服务", "8. 购买与定价方案", "9. 与我们合作的优势",
"10. 成功案例与客户评价", "11. Q&A 环节", "12. 结束语")
   slideImages = Array("https://source.unsplash.com/1600x900/?smart-
```

```
home", "https://source.unsplash.com/1600x900/?home-security", "https://source.unsplash.com/1600x900/?energy-saving", "https://source.unsplash.com/1600x900/?home-automation", "https://source.unsplash.com/1600x900/?home-entertainment", "https://source.unsplash.com/1600x900/?customer-testimonial", "https://source.unsplash.com/1600x900/?technical-support", "https://source.unsplash.com/1600x900/?pricing-options", "https://source.unsplash.com/1600x900/?collaboration", "https://source.unsplash.com/1600x900/?customer-satisfaction", "https://source.unsplash.com/1600x900/?questions-and-answers", "https://source.unsplash.com/1600x900/?thank-you")

    ' Create a new presentation
    Set myPresentation = Application.Presentations.Add

    ' Set the layout to Title and Content
    Set myLayout = myPresentation.SlideMaster.CustomLayouts(2)

    ' Loop through slide contents and create slides
    For i = LBound(slideContent) To UBound(slideContent)
      Set mySlide = myPresentation.Slides.AddSlide(i + 1, myLayout)
      mySlide.Shapes.Title.TextFrame.TextRange.Text = slideContent(i)

      ' Add image
      Set myShape = mySlide.Shapes.AddPicture(FileName:=slideImages(i), LinkToFile:=msoFalse, SaveWithDocument:=msoTrue, Left:=0, Top:=0, Width:=1600, Height:=900)
      myShape.LockAspectRatio = msoTrue
      myShape.ScaleWidth 0.5, msoTrue
      myShape.ScaleHeight 0.5, msoTrue
    Next i

End Sub
```

将 ChatGPT 生成的代码粘贴到 VBA 编辑器的新模块窗口中，并选择喜欢的设计器，可以获得一个完美的初稿，如图 3.4 所示。

图 3.4　ChatGPT 生成的 PPT 初稿

通过 ChatGPT 的处理，PPT 的制作效率得到了极大的提高，同时演示文稿的美观度和可读性也得到了极大的提升。此外，ChatGPT 可以根据用户需求进行不同操作，如模板设计、图表制作、文本编辑等，让 PPT 制作更加智能化、自动化，从而节省时间和精力，提高工作效率。

注意： ChatGPT 并不是完美的工具，它可能会出现一些错误或不准确的情况。因此，在使用 ChatGPT 制作 PPT 时，需要仔细检查和核对结果，以确保 PPT 的准确性和质量。此外，如果遇到一些复杂或特殊的情况，可能需要人工处理或调整，不能完全依赖 ChatGPT 来完成。

3.4 小结

在本章中，我们探讨了如何利用 ChatGPT 来提升工作效率。我们深入研究了 ChatGPT 在任务安排、日程管理、时间管理、任务分配、协作、项目管理、信息筛选、知识管理和办公软件中的应用。

在任务安排和日程管理方面， ChatGPT 可以帮助我们生成更加有效的待办事项清单和更加精准的日程安排。它还可以帮助我们进行时间管理和优化，以及任务分配和协作，从而提高团队协作和生产力。ChatGPT 还可以在项目管理和进度跟踪中提供支持，确保我们在项目期限内按时完成任务。

在信息筛选和知识管理方面，ChatGPT 可以帮助我们进行信息检索和过滤，并提供文献综述和摘要服务，使我们更容易找到所需信息。这对于知识工作者和学术研究人员来说非常重要，因为他们需要处理大量的信息和文献。

在提高办公软件的使用效率方面，包括 Word、Excel 和 PPT，ChatGPT 可以帮助我们更快速地完成重复性任务，如生成报告、制作图表和 PPT。这将为我们节省时间，让我们有更多的时间专注于更高级别的工作和任务。

总之，利用 ChatGPT 可以帮助我们在职场中提高工作效率和竞争力，从而更好地完成工作并取得成功。

第4章

利用 ChatGPT 提升个人品牌价值

在竞争激烈的职场环境中，提升个人品牌价值已经成为许多人关注的焦点。ChatGPT 作为一种先进的自然语言处理技术，不仅可以生成高质量的文本内容，而且能够提供有力的支持，帮助人们更好地展示自己，提升自己的竞争力。

本章主要介绍了利用 ChatGPT 提升个人品牌价值，涉及以下知识点：

- 使用 ChatGPT 生成更加吸引人的社交媒体标题，以及利用它提高社交媒体内容的表现力和优化推广文案；
- 利用 ChatGPT 生成更加吸引人的个人博客、公众号标题，以及优化个人博客、公众号的文章内容；
- 使用 ChatGPT 生成更加有吸引力的广告语，以及撰写品牌口号、品牌故事。

说明： 本章介绍的内容不仅适用于职场人士，也适用于那些希望提升个人影响力和认知度的个人品牌打造者。无论是想拓展社交圈子、提升博客阅读量，还是要增强产品销售力度，ChatGPT 都可以帮助个人品牌的创造者更好地实现目标。

4.1 ChatGPT 在社交媒体中的应用

社交媒体已经成了我们日常生活和工作中不可或缺的一部分，无论是个人还是企业，都需要通过社交媒体来宣传自己、推广产品和服务，并与粉丝和客户交流。而在这个信息爆炸的时代，如何在众多信息中脱颖而出，成了每个人都需要解决的问题。ChatGPT 作为一种强大的自然语言处理工具，能够为我们提供一些新的思路和方法，帮助我们更好地利用社交媒体来提高个人的影响力和竞争力。

4.1.1 使用 ChatGPT 生成更加吸引人的社交媒体标题

社交媒体上的标题是吸引用户注意力的第一步，如果标题无法引起用户的兴趣和注意，那么即使内容再好，也很难被用户看到。因此，一个吸引人的标题是成功营销的关键之一。使用 ChatGPT 可以帮助我们生成更加吸引人的社交媒体标题，下面通过实例进行讲解。

● 实例 1：生成运动鞋标题

小明是卖运动鞋的电商，他想要在社交媒体上宣传他家的新品牌运动鞋，同时想要吸引更多的用户关注他们的品牌。他可以使用 ChatGPT 来生成一些吸引人的标题，以引起用户的兴趣和关注。下面是一个使用 ChatGPT 生成的标题的提示语，如 4-1 所示。

4-1 生成运动鞋标题的提示语

我要你做我的社交媒体顾问。你精通用户体验、视觉设计、品牌传达和平面设计等领域，了解社交媒体平台的最新趋势和功能。

我是卖运动鞋的电商，最近推出了一款新品牌运动鞋，这款鞋子有很多特点和优势，可以让用户在运动中获得更好的体验和效果。帮我生成几个吸引人的标题来宣传这款运动鞋。

我们的目标是宣传新品牌运动鞋，并吸引更多的用户关注我们的品牌。我们要传达的信息是新品牌运动鞋的特点和优势，以及用户穿这些运动鞋可以获得的好处。

请根据上面提供的信息，给我 5 条吸引人的标题。不需要解释，直接给我生成好的标题。

ChatGPT 根据上述提示语中的需求，生成的标题如 4-2 所示。

4-2　ChatGPT 生成的运动鞋标题

超越极限，掌握每一步
更快、更稳定、更舒适
专为运动而生
革新跑鞋，释放速度
打破常规，重新定义运动鞋

这些标题从不同角度突出了这款运动鞋的特点，包括性能、设计、舒适性等方面，不仅有助于吸引更多用户关注品牌和产品，还能引起消费者的购买欲望和信任感，提高品牌的知名度和忠诚度。通过这些标题的宣传，新品牌运动鞋可以更好地在竞争激烈的市场中脱颖而出，吸引更多潜在用户的目光。

● 实例 2：生成餐厅特色菜式标题

小红新开了一家餐厅，她希望在社交媒体上宣传餐厅的特色菜式，吸引更多用户前来品尝并关注她的餐厅。使用 ChatGPT 可以帮助她生成更加吸引人的社交媒体标题，以下是一个使用 ChatGPT 生成标题的提示语，如 4-3 所示。

4-3　生成餐厅特色菜式标题的提示语

我要你做我的社交媒体顾问。你精通用户体验、视觉设计、品牌传达和平面设计等领域，了解社交媒体平台的最新趋势和功能。

我开了一家新餐厅，提供各种美味的特色菜式，这些菜式具有独特的味道和口感，可以满足不同消费者的口味需求。帮我生成几个吸引人的标题来宣传餐厅的特色菜式。

我们的目标是宣传特色菜式，吸引更多用户前来品尝并关注我们的餐厅。

请根据上面提供的信息，给我 5 条吸引人的标题。不需要解释，直接给我生成好的标题。

ChatGPT 根据上述提示语中的需求，生成的标题如 4-4 所示。

4-4 ChatGPT 生成的餐厅特色菜式标题

绝妙美味，让你沉醉其中
一道道美食，品味不尽的独特味道
来一趟美食之旅，尝遍餐厅的特色菜式
探索不一样的味道，享受美食的无限可能
用味道点亮生活，用特色菜式传递美好

这些标题从不同角度突出了餐厅特色菜式的独特性和吸引力，包括味道、口感、体验等方面，不仅有助于吸引更多用户前来品尝并关注餐厅，还能引起消费者的好奇心和兴趣，提高品牌的知名度和认知度。

与传统的标题创作方式相比，使用 ChatGPT 生成标题不仅省时省力，还能够更加客观和科学地制定营销策略，提高营销效果。因此，ChatGPT 是一种极有价值的营销工具，能够帮助企业和个人提高品牌知名度和市场占有率，实现更大的商业价值。

4.1.2 利用 ChatGPT 提高社交媒体内容的表现力

使用 ChatGPT 可以帮助我们提高社交媒体内容的表现力，使其更加吸引人、有趣、有价值，下面通过实例进行讲解。

● 实例 1：生成健身内容

小张是一名健身达人，他想要在社交媒体上分享他的锻炼经验和健身技巧，同时吸引更多的用户关注他的账号。他可以使用 ChatGPT 他写出更加吸引人的内容。以下是使用 ChatGPT 生成内容的提示语，如 4-5 所示。

4-5 生成健身内容的提示语

我要你做我的社交媒体编辑顾问。你懂得如何撰写有趣、有价值和易于理解的健身内容，并能够利用图像和视频等元素增强内容的表现力和吸引力。你还了解当前健身行业的最新趋势和热门话题，以提高内容的关注度和分享率。

我是一名健身达人，我想要在社交媒体上分享我的锻炼经验和健身技巧，吸引更多的用户关注我的账号。帮我生成一些有趣、有用和有吸引力的内容，如锻炼的重要性、健身的方法和技巧、如何防止受伤等。

请根据上面提供的信息，给我 5 条有趣、有用和有吸引力的健身内容。不需要解释，直接给我生成好的内容。

ChatGPT 根据上述提示语中的需求，生成的健身内容如 4-6 所示。

4-6 ChatGPT 生成的健身内容

想要成为健身达人？不要忘记这些基本动作：深蹲、卧推、引体向上、硬拉。练习这些基础动作可以帮助你建立稳健的力量基础，使你在进行更高难度的训练时更加自信和成功。

想要在训练中更好地掌握核心力量？试试这些动作：俯卧撑加腰部提升。这个动作可以帮助你锻炼腹部、背部、臀部和腿部的肌肉，提高核心力量和稳定性。

受伤可能是每个健身者最大的噩梦，因此要学会正确的热身和冷却，以减少受伤的风险。在每次训练之前，要进行适当的热身运动，以使身体做好准备进行更高强度的活动；在训练后，要进行适当的拉伸和冷却，以帮助身体恢复并减少肌肉疲劳和酸痛。

想要打破自己的训练极限？尝试跑步和骑车之外的一些其他运动，如攀岩、跳绳、游泳等。这些运动可以帮助你挑战自己的身体和思维，提高协调性和灵活性，增强你的健身体验。

健身的最终目标是什么？是拥有更好的身体形态和更健康的生活方式。为了达到这个目标，需要关注自己的饮食和休息。合理的饮食和充足的睡眠是保持健康和强壮的身体的关键。

这些内容旨在帮助健身爱好者掌握正确的锻炼方法，以建立稳健的力量基础、提高核心力量和稳定性、减少受伤的风险、挑战自己的身体和思维，以及在健康的饮食和充足的睡眠的支持下拥有更好的身体形态和更健康的生活方式。这些内容不仅可以帮助用户提高运动效果，还能够激发用户的兴趣和好奇心，提高账号的关注度和分享率。通过发布和宣传这些内容，小张可以更好地展示自己的专业知识和技能，吸引更多的用户关注和信任，提高自己在健身行业的影响力和声誉。

● 实例 2：生成旅行内容

小李是一名旅行爱好者，他想要在社交媒体上分享自己的旅行经历和旅行技巧，同时吸引更多的用户关注他的账号。他可以使用 ChatGPT 写出更加吸引人的旅行内容。以下是使用 ChatGPT 生成内容的提示语，如 4-7 所示。

4-7 生成旅行内容的提示语

我要你做我的社交媒体编辑顾问。你懂得如何撰写有趣、有价值和易于理解的旅行内容，并能够利用图像和视频等元素增强内容的表现力和吸引力。你还需要了解当前旅行行业的最新趋势和热门话题，以提高内容的关注度和分享率。

我是一名旅行爱好者。我想要在社交媒体上分享我的旅行经历和旅行技巧，吸引更多的用户关注我的账号。

我们的目标是提高旅行内容的表现力，要传达的信息是旅行的体验、技巧、文化和风景等方面的知识和经验。

请根据上面提供的信息，给我 5 条有趣、有用和有吸引力的旅行内容。不需要解释，直接给我生成好的内容。

ChatGPT 根据上述提示语中的需求，生成的旅行内容如 4-8 所示。

4-8 ChatGPT 生成的旅行内容

在陌生的城市里，如何快速适应并探索当地文化，我的 4 个小技巧：
行程精选，一路畅游——分享我在欧洲旅行的精彩瞬间
与山川河流同在——探索大自然的美丽风景
寻找美食之旅，品尝世界各地的美食佳肴
穿越历史，领略古城的美丽和文化底蕴：我的旅行日记

这些旅行内容涵盖了不同的主题和方向，包括旅行技巧、文化探索、风景欣赏、美食品尝等方面，可以帮助用户了解和体验不同地方的文化和景色，引起用户的兴趣和好奇心，吸引用户关注和分享。同时，也反

映了小李自己的旅行经历和心得，可以增加他的影响力，提升他在旅行行业的认知度和影响力。

综上所述，使用ChatGPT可以自动生成有趣、有用和有吸引力的内容，从而提高内容的关注度和分享率。同时，使用 ChatGPT 生成内容还可以节省时间和精力，提高创作效率和质量，从而实现更大的商业价值。

4.1.3 使用 ChatGPT 优化社交媒体推广文案

在社交媒体营销推广中，撰写推广文案是至关重要的一环。一个好的推广文案可以吸引用户的关注，从而提高点击率和转化率。然而，撰写一个好的推广文案需要花费大量的时间和精力，而且需要具备一定的写作技巧和营销思维。使用 ChatGPT 可以帮助我们优化社交媒体推广文案，下面通过实例进行讲解。

● **实例 1：**生成服装推广文案

某服装品牌想要在社交媒体上推广其最新款式的夏季服装系列，吸引更多的用户购买。他们可以使用 ChatGPT 来撰写更加吸引人的推广文案。以下是使用 ChatGPT 生成文案的提示语，如 4-9 所示。

4-9 生成服装推广文案的提示语

我要你做我的社交媒体编辑顾问。你懂得如何撰写有趣、有价值和易于理解的服装推广文案，并能够利用图像和视频等元素增强内容的表现力和吸引力。你还需要了解当前服装行业的最新趋势和热门话题，以提高内容的关注度和转化率。

我们要推广的是夏季服装系列，包括短袖、连衣裙、短裤等款式，具有不同的颜色和图案。我们的目标是吸引更多的用户购买产品，因此需要撰写一些有吸引力和增加用户购买意愿的推广文案，让用户了解我们的产品特点和优势，同时体现品牌的独特性和价值。

请根据上面提供的信息，给我 5 条有趣、有用和有吸引力的服装推广文案。不需要解释，直接给我生成好的内容。

ChatGPT 根据上述提示语中的需求，生成的服装推广文案如 4-10 所示。

4-10 ChatGPT 生成的服装推广文案

轻盈舒适的夏季短袖，让你在炎炎夏日感受无比的清爽和舒适，穿出时尚和惬意。

唯美的连衣裙，让你在街头巷尾成为别人眼中的焦点，无论是约会还是聚会都能穿出不一样的魅力。

想要让自己的腿看起来更加修长？来试试我们的短裤，各种颜色和图案任你挑选。

鲜艳多彩的颜色，让你无论是在沙滩上还是在城市中，都能成为最闪亮的那一个。

夏季服装系列，为你带来前所未有的穿衣体验，让你在夏日的每一天都能感受到时尚与舒适。

● 实例 2：生成健身推广文案

某健身房想要在社交媒体上推广其最新的健身课程，吸引更多的用户参加。他们可以使用 ChatGPT 撰写更加吸引人的推广文案。以下是使用 ChatGPT 生成文案的提示语，如 4-11 所示。

4-11 生成健身推广文案的提示语

我要你做我的社交媒体编辑顾问。你懂得如何撰写有趣、有价值和易于理解的健身推广文案，并能够利用图像和视频等元素增强内容的表现力和吸引力。你还需要了解当前健身行业的最新趋势和热门话题，以提高内容的关注度和转化率。

我们要推广的是最新的健身课程，包括有氧运动、力量训练、瑜伽等，旨在帮助用户锻炼身体、保持健康、放松心情。我们的目标是吸引更多的用户参加课程，因此需要撰写一些有吸引力的推广文案，可以让用户了解我们课程的特点和优势，同时体现我们健身房的专业性和价值。

请根据上面提供的信息，给我 5 条有趣、有用和有吸引力的健身推广文案。不需要解释，直接给我生成好的内容。

ChatGPT 根据上述提示语中的需求，生成的健身推广文案如 4-12 所示。

4-12 ChatGPT 生成的健身推广文案

有氧运动，让你的身体更加健康和灵活，让你在生活中更加有活力和自信。

力量训练，让你的肌肉更加强壮和有型，让你在健身房中成为别人眼中的强者和领袖。

瑜伽，让你的身体和心灵得到完美的平衡和放松，让你在忙碌的生活中找到内心的宁静和平和。

不要让坐着的生活成为你的肥胖之源，来参加我们的健身课程，让你在运动中放飞自我，健康和自信从此与你同行。

健康是最好的礼物，我们的健身课程旨在帮助你保持健康和快乐，让你成为最好的自己。

这些健身推广文案通过简明扼要的语言、清晰明了的表述和有力的词汇，成功地传递了健身课程的多样性、专业性和健康价值，可以吸引目标受众的关注，并激发了他们参与的兴趣和热情。

使用 ChatGPT 优化社交媒体推广文案，不仅可以节省时间和精力，还可以提高推广文案的质量和效果。当然，我们也需要注意文案的风格和语言，要符合目标受众的口味和文化背景，避免过于俗套或夸张，以免引起他们的反感和误解。

4.2 ChatGPT 在个人博客、公众号等领域的应用

除了社交媒体，ChatGPT 还可以在个人博客、公众号等领域中发挥

重要作用。通过利用 ChatGPT 生成的语言模型和自然语言处理技术，我们可以更好地表达自己的思想和观点，提高文章的质量和水平，吸引更多的读者和粉丝。同时，ChatGPT 还可以为我们提供一些新的主题和话题，帮助我们探索更多的创作灵感和可能性。

4.2.1 使用 ChatGPT 生成更加吸引人的个人博客、公众号标题

在撰写博客或公众号文章时，一个好的标题可以吸引读者的注意力，引导他们进一步阅读，同时也可以提高文章的曝光率和分享率。使用 ChatGPT 生成更加吸引人的个人博客、公众号标题，可以让我们更加高效地制定营销策略和宣传方案，提高文章的质量和价值。

以下是使用 ChatGPT 生成个人博客、公众号标题的实例。

- **实例 1：** 生成个人博客标题

小张是一名生活方式博主，他经常在博客上分享各种关于生活方式的有趣内容和经验，吸引了一大批读者和粉丝。他希望使用 ChatGPT 生成更加吸引人的博客标题。以下是使用 ChatGPT 生成标题的提示语，如 4-13 所示。

4-13 生成生活方式博客标题的提示语

我要你做我的博客顾问。你是一个博客达人，精通内容创作、读者体验、品牌传达和营销策略制定等，具备广博的知识储备和优秀的写作能力，同时具备独立思考、沟通能力和学习能力；你有很强的专注力、创新能力和责任感，会对自己所写的内容进行审慎的思考和编辑，确保内容的准确性和可信度。

我是一名生活方式博主，经常在博客上分享各种关于生活方式的有趣内容和经验，吸引了一大批读者和粉丝。帮我生成几个吸引人的标题，提高博客的点击率和用户阅读体验，吸引更多读者和粉丝，让他们愿意花更多的时间在我的博客上。我要传达的信息是博客内容的丰富性和有趣性。

请根据上面提供的信息，给我 5 条吸引人的标题。不需要解释，直接给我生成好的标题。

ChatGPT 根据上述提示语中的需求，生成的标题如 4-14 所示。

4-14 ChatGPT 生成的生活方式博客标题

从生活琐事到品质生活：你不想错过的生活方式分享
博客专家教你如何创造高品质的生活体验
这些生活小技巧能让你的生活变得更加有趣
独具匠心的生活方式博客，让你的生活更有质感
挖掘生活的点滴，发现更多有趣的生活方式，与博主一起探索！

这些标题都突出了博客内容的丰富性和有趣性，能吸引读者和粉丝的注意力。

● 实例 2：生成公众号标题

小李是一名旅游达人，他在公众号上分享各种关于旅游的攻略和经验，吸引了一大批旅游爱好者。他希望使用 ChatGPT 生成更加吸引人的公众号标题。以下是使用 ChatGPT 生成标题的提示语，如 4-15 所示。

4-15 生成旅游达人公众号标题的提示语

我要你做我的公众号顾问。你精通内容创作、读者体验、品牌传达和营销策略制订等，具备广博的知识储备和优秀的写作能力，同时具备独立思考、沟通能力和学习能力；你有很强的专注力、创新能力和责任感，会对自己所写的内容进行审慎的思考和编辑，确保内容的准确性和可信度。

我是一名旅游达人，在公众号上分享各种关于旅游的攻略和经验，吸引了一大批旅游爱好者。帮我生成几个吸引人的标题，提高公众号的阅读量和用户阅读体验，吸引更多旅游爱好者关注和阅读，让他们愿意花更多的时间在我的公众号上。我要传达的信息是公众号内容的丰富性和实用性。

请根据上面提供的信息，给我 5 条吸引人的标题。不需要解释，直接给我生成好的标题。

ChatGPT 根据上述提示语中的需求，生成的标题如 4-16 所示。

4-16　ChatGPT 生成的旅游达人公众号标题

旅行攻略大集合！带你发现最美的旅游景点和玩乐方式
旅行达人专享，带你畅游全球最迷人的旅游胜地
精选旅行攻略，为你量身打造专属的旅行
旅行必备攻略，让你的旅行更加轻松愉快
探索旅游的乐趣，带你领略不一样的旅游风情

这些标题都突出了公众号内容的丰富性和实用性，能吸引旅游爱好者的注意力。

4.2.2 利用 ChatGPT 优化个人博客、公众号的文章

利用 ChatGPT 优化个人博客、公众号的文章，可以提高内容的可读性和可信度，也可以提升个人品牌的知名度和影响力。以下是利用 ChatGPT 优化个人博客、公众号的文章的实例。

小张是一名生活方式博主，他经常在博客上分享各种关于生活方式的有趣内容和经验，吸引了一大批读者和粉丝。最近他写了一篇改善睡眠质量的文章，阅读量不是很高，因此他希望利用 ChatGPT 优化博客文章内容。以下是使用 ChatGPT 优化文章的提示语，如 4-17 所示。

4-17　优化生活方式博客文章的提示语

我要你做我的博客顾问。你是一个博客达人，精通内容创作、读者体验、品牌传达和营销策略制订等，具备广博的知识储备和优秀的写作能力，同时具备独立思考、沟通能力和学习能力；你有很强的专注力、创新能力和责任感，会对自己所写的内容进行审慎的思考和编辑，确保内容的准确性和可信度。

我是一名生活方式博主，经常在博客上分享各种关于生活方式的有趣内容和经验，吸引了一大批读者和粉丝。请帮我优化博客文章，我的文章内容在 --- 符号之间。

生活方式博客 | 如何改善睡眠质量？几个实用小技巧，让你每晚睡得香

睡眠可以让身体和心理得以休息和恢复。那么如何改善睡眠质量，让我们每晚都睡得更香、更舒适呢？以下是几个实用小技巧：

确定适合自己的睡眠时间

创造良好的睡眠环境

定期放松身心，缓解压力和紧张情绪

控制睡前的饮食和饮水

坚持适量的运动和体育锻炼

调整生活节奏和工作习惯

在实践这些小技巧的过程中，你需要有耐心和毅力，逐步调整自己的睡眠习惯和生活方式，从而获得更好的睡眠。

我的目标是提高文章的可读性和趣味性，吸引读者阅读。

在优化文章时候，你需要图文并茂，方便读者理解。新生成的文章，需要在合适的地方插入与之相关的图片。

插入图片时，我希望你用 Markdown 语言生成，不要用反引号，不要用代码框，需要用 Unsplash API，请遵循以下的格式：https://source.unsplash.com/1600x900/ ?< PUT YOUR QUERY HERE >。

请根据上面提供的信息，请帮我优化这篇文章。不需要解释，直接给我优化好的文章。

ChatGPT 根据上述提示语中的需求，优化后的文章如 4-18 所示。

4-18　ChatGPT 生成的生活方式博客文章

生活方式博客 | 如何改善睡眠质量？几个实用小技巧，让你每晚睡得香

睡眠可以让身体和心理得以休息和恢复。那么如何改善睡眠质量，让我们每晚都睡得更香、更舒适呢？以下是几个实用小技巧。

1. 确定适合自己的睡眠时间

每个人的睡眠需求都是不同的，有些人需要更多的睡眠时间，有些人需要的少。确定适合自己的睡眠时间，可以让你更好地休息和恢复身体，提高睡眠质量。

2. 创造良好的睡眠环境

良好的睡眠环境可以提高睡眠质量。你可以选择一个安静、舒适、温暖的房间，减少噪声和光线的干扰。此外，选择合适的枕头和床垫也可以帮助你改善睡眠质量。

3. 定期放松身心，缓解压力和紧张情绪

长时间的压力和紧张情绪会影响我们的睡眠质量，让我们难以入眠。定期放松身心，可以缓解压力和紧张情绪，提高睡眠质量。你可以选择适合自己的放松方式，如瑜伽、冥想、深呼吸等。

4. 控制睡前的饮食和饮水

饮食和饮水也会影响我们的睡眠质量。避免在睡前摄入过多的咖啡因和糖分，以免影响睡眠。此外，尽量避免在睡前饮水过多，以免频繁起夜，影响睡眠质量。

5. 坚持适量的运动和体育锻炼

适量的运动和体育锻炼可以保持身体健康，改善睡眠质量。你可以选择适合自己的运动方式，如散步、慢跑等。

6. 调整生活节奏和工作习惯

不良的生活节奏和工作习惯会影响我们的睡眠质量。尽量保持规律的生活节奏，避免熬夜等不良习惯，可以帮助你更好地休息和恢复，提高睡眠质量。

在实践这些小技巧的过程中，你需要有耐心和毅力，逐步调整自己的睡眠习惯和生活方式，从而获得更好的睡眠。

希望这些小技巧能对你有所帮助，如果你有更多的睡眠问题，欢迎在评论区留言，我会为你提供更多的建议和帮助。

ChatGPT 优化后的文章采用了图文并茂的方式，更加美观、易读。同时，文章结构更加清晰，内容更加实用，让读者更容易理解和接受。

4.3 ChatGPT 在市场营销、品牌推广等领域的应用

利用 ChatGPT 的自然语言生成技术，企业可以生成各种营销文案、广告语，从而吸引潜在客户和提高品牌知名度。ChatGPT 还可以为企业提供一些市场调研和分析方面的支持，帮助他们了解潜在客户和市场趋势，从而更好地制订营销计划和推广策略。ChatGPT 的应用能为企业带来更多的机会和竞争优势，并能提高品牌的竞争力和市场份额。

4.3.1 使用 ChatGPT 生成更加有吸引力的广告语

一个好的广告语可以快速传达品牌信息，激发用户的兴趣和购买欲望。创作一个具有吸引力的广告语需要对市场趋势、目标受众和品牌特点有深入的了解。使用 ChatGPT 可以帮助我们更快速地生成有吸引力的广告语，下面通过实例进行讲解。

● **实例 1：**生成手机广告语

某手机品牌想要在社交媒体上推广其新款智能手机，吸引更多的用户购买。他们可以使用 ChatGPT 生成更具吸引力的广告语。以下是使用 ChatGPT 生成广告语的提示语，如 4-19 所示。

4-19 生成手机广告语的提示语

我要你做我的广告文案顾问。你懂得如何撰写简洁有力和具有吸引力的广告语。你需要了解当前手机市场的最新趋势和热门话题，以提高广告语的关注度和转化率。

我们要推广的是一款新型智能手机，具有超长续航、高性能处理器、高清相机等特点。我们的目标是吸引更多的用户购买产品，因此需要撰写一些有吸引力和能让人产生购买意愿的广告语，让用户快速了解我们的产品特点和优势。

请根据上面提供的信息，给我 3 条简洁、有力和有吸引力的手机广告语。不需要解释，直接给我生成好的内容。

ChatGPT 根据上述提示语中的需求，生成的手机广告语如 4-20 所示。

4-20 ChatGPT 生成的手机广告语

无限可能，触手可及——尽在新款智能手机！
一触即发，掌中宇宙——品味科技与美感的完美结合。
换个角度看世界——超高清相机，记录生活每一刻。

这些手机广告语通过简洁有力的语言和生动形象的表达方式，传递了新款智能手机的特点能够吸引目标受众的关注，并能激发他们的购买欲望。

● **实例 2：生成度假套餐广告语**

某旅行社想要在社交媒体上推广其度假套餐，吸引更多的用户购买。他们可以使用 ChatGPT 生成更具吸引力的广告语。以下是使用 ChatGPT 生成广告语的提示语，如 4-21 所示。

4-21 生成度假套餐广告语的提示语

我要你做我的广告文案顾问。你懂得如何撰写简洁、有力和具有吸引力的广告语。你需要了解当前旅游市场的最新趋势和热门话题，以提高广告语的关注度和转化率。

我们要推广的是一款度假套餐，包括美丽的海滨风光、豪华酒店住宿和丰富的旅游活动等。我们的目标是吸引更多的用户购买度假套餐，因此需要撰写一些有吸引力的广告语，让用户快速了解我们的产品特点和优势。

请根据上面提供的信息，给我 3 条简洁、有力和有吸引力的度假套餐广告语。不需要解释，直接给我生成好的内容。

ChatGPT 根据上述提示语中的需求，生成的度假套餐广告语如 4-22 所示。

4-22 ChatGPT 生成的度假套餐广告语

海的那边，梦开始的地方——给自己一场难忘的度假体验！

探索未知的美景，尽在我们的度假套餐——让旅行成为生活的一部分。
豪华住宿，丰富活动，尽在我们的度假套餐——今天出发，开启你的梦幻之旅。

这些度假套餐广告语通过简洁有力的语言和引人入胜的表述方式，成功地传递了度假套餐的特点，能够吸引目标受众的关注，并能激发他们的购买欲望。

使用 ChatGPT 生成广告语，不仅可以节省时间和精力，还可以提高广告语的质量和效果。

4.3.2 利用 ChatGPT 撰写品牌口号和品牌故事

品牌口号和品牌故事是品牌传播中非常重要的组成部分，它们可以帮助消费者更好地理解品牌的核心价值和文化内涵，从而建立起对品牌的认同和信任。撰写一个好的品牌口号和品牌故事需要具备一定的创意和写作技巧，而使用 ChatGPT 可以帮助我们撰写品牌口号和品牌故事，下面通过实例进行讲解。

● 实例 1：生成品牌口号

某咖啡品牌想要撰写其品牌口号，以更好地传递其品牌文化和价值观。他们可以使用 ChatGPT 撰写更加吸引人的品牌口号。以下是使用 ChatGPT 生成品牌口号的提示语，如 4-23 所示。

4-23 生成品牌口号的提示语

我要你做我的品牌策划顾问。你懂得如何撰写有创意、有表现力和易于理解的品牌口号，并能够利用图像和视频等元素增强内容的表现力和吸引力。你还需要了解当前市场的最新趋势和热门话题，以提高品牌的关注度和认知度。

我们要撰写的是咖啡品牌的口号，旨在为消费者传递品牌的文化内涵和独特价值。我们的目标是建立起消费者对品牌的认同和信任，因此需要撰写一个有创意和共鸣力的品牌口号，让消费者了解我们的品牌特点和优势，同时体现我们品牌的独特性和价值。

请根据上面提供的信息，给我 5 个有创意、有表现力和易于理解的咖啡品牌口号。不需要解释，直接给我生成好的内容。

ChatGPT 根据上述提示语中的需求，生成的咖啡品牌口号如 4-24 所示。

4-24 ChatGPT 生成的咖啡品牌口号

一杯咖啡，一份甜蜜，一份感动。

咖啡香气扑鼻，喝一口，让你的味蕾舞动。

一杯咖啡，带你品尝生活的百味。

每一天，从一杯咖啡开始，让生活更加美好。

独一无二的味道，来自我们咖啡的热情和品质。

这些品牌口号通过简洁明了的语言成功地传达了咖啡品牌的独特魅力和价值，同时给人以美好、温暖和感动的情感体验，具有很强的吸引力和共鸣力，可以有效地建立起消费者对品牌的认知和情感联系。

● 实例 2：生成品牌故事

某运动鞋品牌想要撰写其品牌故事，以更好地传递其品牌历史和文化背景。他们可以使用 ChatGPT 撰写更加吸引人的品牌故事。以下是使用 ChatGPT 生成文案的提示语，如 4-25 所示。

4-25 生成品牌故事的提示语

我要你做我的品牌策划顾问。你懂得如何撰写有趣、有价值和易于理解的品牌故事，并能够利用图像和视频等元素增强内容的表现力和吸引力。你需要了解当前市场的最新趋势和热门话题，以提高品牌的关注度和认知度。

我们要撰写的是运动鞋品牌的品牌故事，旨在为消费者传递品牌的历史和文化背景。我们的目标是建立起消费者对品牌的认同和信任，因此需要撰写一个有趣和具有启发性的品牌故事，让消费者了解我们的品牌特点和优势，同时体现我们品牌的独特性和价值。

请根据上面提供的信息，给我一个有趣、有价值、情感丰富的运动鞋品牌故事。不需要解释，直接给我生成好的内容。

ChatGPT 根据上述提示语中的需求，生成的运动鞋品牌故事如 4-26 所示。

4-26 ChatGPT 生成的运动鞋品牌故事

在一个小镇上，年轻人们总是在路边搭起简易的篮球架，凑齐了人，就可以开始一场热烈的比赛。其中一位叫作马克的年轻人是这个小镇的明星球员，他总是穿着一双特别的鞋子出现在球场上，这双鞋子总能让他的跑动更加灵活，运球和投篮动作更加轻快。

有一天，马克的这双鞋子磨损得太严重了，他感到非常失落。他没有足够的钱再买一双同样的鞋子，也没有时间去寻找一双更好的鞋子。他的朋友们看在眼里，想尽一切办法给他找鞋子，但是没有一双鞋子能让马克感到满意。

这时，一个叫作泰勒的年轻人站了出来，他是一个鞋匠，他决定自己为马克制作一双鞋子。他用自己的经验和技艺，为马克打造了一双独特的鞋子，这双鞋子完美地适合马克的脚型，可以让他在球场上发挥得更好。

从此以后，泰勒开始为更多的运动员制作鞋子，他的鞋子被越来越多的人认可和喜爱，成了一种运动的标志。如今，我们的品牌秉承泰勒的精神和理念，致力于为每一个追求卓越的运动员打造独特、高品质的鞋子，让他们在运动中更加出色，挑战自我，取得更好的成绩。

上述运动鞋品牌故事生动地诠释了品牌背后的历史和文化内涵，同时也表达了品牌的独特价值。

4.4 小结

在本章中，我们深入探讨了 ChatGPT 在提升个人品牌价值方面的应用。首先，我们介绍了使用 ChatGPT 生成更加吸引人的社交媒体标题，以及利用 ChatGPT 提高社交媒体内容的表现力和优化社交媒体推广文案。接着，我们讨论了 ChatGPT 在个人博客、公众号等领域的应用，包括使用 ChatGPT 生成更加吸引人的标题和优化文章内容。此外，我们还探讨了 ChatGPT 在市场营销、品牌推广等领域的应用，包括如何使用 ChatGPT 生成更加有吸引力的广告语、优化品牌口号和品牌故事。这些应用可以帮助个人和企业在激烈的市场竞争中脱颖而出，提高品牌影响力和销售额。

综上所述，使用 ChatGPT 可以帮助我们在各种场合下提高写作效率和质量，从而提升个人品牌价值，赢得更多关注和机会。然而，我们也需要注意 ChatGPT 生成的内容是否符合我们的价值观和品牌形象，避免出现不必要的风险。

第 5 章

利用 ChatGPT 促进职业发展

在现代社会，职场竞争越来越激烈，求职者和职场人士都需要具备更高的职业素养和能力。本章主要介绍了利用 ChatGPT 促进职业发展与提升求职面试能力，包括自我分析、职业定位、简历优化、面试技巧培养等方面。本章重点涉及以下知识点：

- 利用 ChatGPT 分析自身职业发展路径和进行职业规划；
- 利用 ChatGPT 分析行业和公司趋势，进行职业选择；
- 使用 ChatGPT 生成优秀的求职信和简历；
- 使用 ChatGPT 提高面试技巧。

通过本章的学习，读者可以更好地利用 ChatGPT 提升职场竞争力，实现自身职业目标和发展。

5.1 ChatGPT 在职业规划、晋升等领域的应用

ChatGPT 能够帮助我们分析自身职业发展路径、进行职业定位和目标设定、分析行业和公司发展趋势，从而协助我们更好地规划自己的职业生涯，实现更快速、更高效、更智能的职业晋升。

5.1.1 利用 ChatGPT 分析自身职业发展路径

在职业发展中，了解自己的优势和劣势，掌握市场发展趋势和技能需求，是非常重要的。使用 ChatGPT 可以帮助我们更好地分析自身职业发展路径，以下是相关实例。

小明是一名初入职场的市场营销专员，他想使用 ChatGPT 来分析自己的职业发展路径，制订更加科学的职业规划。以下是使用 ChatGPT 分析职业发展路径的提示语，如 5-1 所示。

5-1 分析职业发展路径的提示语

我要你担任我的职业发展顾问。你需要具备聆听技巧、沟通能力、分析能力、知识储备、领导力和敬业精神。你非常了解我所处行业的趋势和发展方向，并且精通我所处行业的技能和知识。你需要为我提供个性化的职业发展建议和方案。

以下是我的基本情况。

1. 我当前的职业：初入职场的市场营销专员
2. 我对职业的认知：一知半解
3. 我的技能：了解基本的营销理念和思路
4. 我的优势：充满激情，愿意接受新事物
5. 我的劣势：没有经验
6. 我的职业目标：学习更多东西和积累更多经验
7. 我所处的行业：化妆品行业

根据上面我的情况，请帮我制订一套科学的职业发展路径，路径以图表的方式给出，并且以年为时间单位，给我未来一到五年的规划。

如果你需要更多的信息，可以向我提问问题。

在给出图表化的职业发展路径后，请给我 3 条合理且中肯的建议。

最终的输出格式：

职业发展路径图表

职业发展建议：

1.

2.

3.

ChatGPT 根据小明的需求给出了职业发展表，包括未来一到五年的规划，如表 5.1 所示。

表 5.1　小明未来一到五年的职业发展表

时间	行动计划	目标
第一年	学习基础知识	打好基础，熟悉化妆品行业的市场趋势和竞争环境
第二年	参与项目并积累经验	参与一些化妆品产品的营销策划和执行，积累实践经验，提升沟通和执行能力
第三年	掌握核心技能	掌握化妆品行业的核心营销技能和知识，包括市场调研、营销推广、产品定位等
第四年	担任管理职位	成为化妆品营销团队的领导者，掌握团队管理和协调能力
第五年	探索更广阔的发展空间	在化妆品行业不断探索、创新，开拓更广阔的市场和发展空间，为职业生涯的长远发展奠定基础

ChatGPT 给出的职业发展建议如 5-2 所示。

5-2　ChatGPT 给出的职业发展建议

职业发展建议：

1. 在职业生涯的早期，要注重学习基础知识和积累实践经验。这将有助于您打好职业基础，并提升您的竞争力。

2. 在工作中，要注重与同事的合作和沟通。良好的团队合作和沟通能力是成为一名优秀的市场营销人员的关键因素。

3. 除了专业技能外，还要注重培养领导力。领导力是管理职位的重要素质，也是成为一名出色的市场营销人员的必备能力。

上面的职业发展表为初入职场的化妆品行业市场营销专员提供了一套科学的职业发展方案，以年为单位制订了未来一到五年的规划。在职业发展建议方面，提醒他需要注重学习、沟通和团队合作能力的提升，同时也要注重培养领导力，为成为一名优秀市场营销人员打下坚实的基础。通过这些职业发展建议和规划，初入职场的化妆品行业市场营销专员可以有目的地积累技能和知识，提升个人竞争力，实现个人职业目标并取得成功。

5.1.2　使用 ChatGPT 进行职业定位和目标设定

使用 ChatGPT 可以帮助我们更好地进行职业定位和目标设定，以下是使用 ChatGPT 进行职业定位和目标设定的实例。

小红是一名在 IT 行业从事编程工作的工程师，她想使用 ChatGPT 进行职业定位和目标设定，帮助自己更好地了解自己未来的发展方向。以下是使用 ChatGPT 生成分析的提示语，如 5-3 所示。

5-3　分析职业定位和目标设定的提示语

我要你担任我的职业发展顾问。你需要具备聆听技巧、沟通能力、分析能力、知识储备、领导力和敬业精神。你非常了解我所处行业的趋势和发展方向，并且精通我所处行业的技能和知识。你需要为我提供个性化的职业发展建议和方案。

以下是我的基本情况。

1. 我的当前职位：编程工程师。
2. 我所在的行业：IT 行业。
3. 我的技能：掌握编程语言和技术，有较好的分析和解决问题的能力。
4. 我的优势：具有创新意识和较强的学习能力，善于团队合作和沟通。
5. 我的劣势：缺乏管理经验和商业意识，对市场趋势和需求了解不够深入。

根据上面我的情况，请帮我设定 3 个可行的职业目标和定位，并在每个目标后面罗列几个为实现这个目标我需要做的努力。

如果你需要更多的信息，可以向我问问题。

请按照 Markdown 的格式，直接以代码块的格式输出树状图。

ChatGPT 根据上述提示语中的需求，输出的 Markdown 代码如 5-4 所示。

5-4　ChatGPT 为小红生成的职业目标

```
- 职业目标 1: 成为技术领导者
  - 提升技术能力
  - 增强领导力
```

```
  - 学习管理知识
  - 参与公司战略规划
  - 寻找并担任领导项目的角色

- 职业目标 2: 转型成为产品经理
  - 学习产品经理的职责和技能
  - 增强商业意识
  - 了解市场趋势和需求
  - 寻找机会参与产品开发和策划
  - 与产品经理或商业团队合作

- 职业目标 3: 创业
  - 学习创业知识和经验
  - 寻找合适的创业伙伴
  - 研究市场和用户需求
  - 开发和测试原型
  - 筹集资金并推广产品
```

注意：以上目标并不是唯一且固定的，用户可以通过不断地学习和尝试，随时调整和更新自己的职业目标。

我们将这段代码复制到对应的 Markdown 解析软件中，可以得到简洁美观的树状图，如图 5.1 所示。

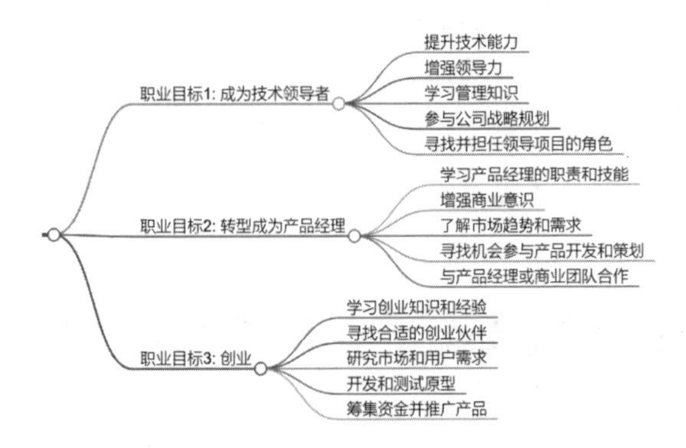

图 5.1　ChatGPT 为小红生成的职业目标树状图

ChatGPT 生成的职业目标具有多元化和可操作性，能够帮助个人更全面地考虑职业发展方向，同时具备明确的行动计划，可以指导个人实际行动。

5.1.3 使用 ChatGPT 分析行业和公司发展趋势

随着社会和科技的不断发展，各行各业也在不断地变化和更新。使用 ChatGPT 可以帮助我们更好地了解行业和公司的发展趋势，从而做出更明智的职业选择。以下是一个使用 ChatGPT 分析行业和公司发展趋势的实例。

小明在金融行业从事投资顾问工作，他想使用 ChatGPT 分析金融行业和公司的发展趋势，以更好地了解未来的发展方向和做出更明智的职业选择。以下是使用 ChatGPT 生成分析的提示语，如 5-5 所示。

5-5 分析行业和公司发展趋势的提示语

我要你担任我的金牌行业分析师。你需要具备强大的分析技能、良好的决策能力、敏锐的洞察力、强大的沟通能力、对风险的认识和控制能力、独立思考和自我管理能力，以及持续学习的意愿和能力。你非常了解金融行业，并且能够将复杂的金融数据和信息转化为明智的投资决策，并能够在竞争激烈的金融市场中取得成功。

以下是我们公司的基本信息。

所处行业：金融行业

公司规模：中型

公司业务：投资咨询

公司优势：专业的团队、优质的服务、良好的客户口碑

公司劣势：品牌知名度不高、市场份额较小

请根据上面的信息，分析金融行业和公司的发展趋势，并给出你的职业选择建议。

如果你需要更多的信息，可以向我提问问题。

请按照 Markdown 的格式，直接以代码块的格式输出树状图。

ChatGPT 根据上述提示语中的需求，输出的 Markdown 代码如 5-6 所示。

5-6 ChatGPT 为小明生成的职业目标

- 金融行业发展趋势
  - 机遇：
    - 投资需求增加，金融市场发展迅速
    - 金融科技创新带来新机遇，数字化转型成为主流趋势
  - 挑战：
    - 金融监管日益严格，合规成本增加
    - 市场竞争激烈，品牌知名度和口碑至关重要

- 公司发展趋势
  - 优势：
    - 专业的团队和优质的服务使公司有较高的客户满意度
  - 劣势：
    - 品牌知名度不高，市场份额较小
  - 机遇：
    - 抓住金融科技创新机遇，进行数字化转型，提高品牌知名度和市场份额
    - 继续提高服务质量，增加客户口碑
  - 挑战：
    - 在竞争激烈的金融市场中立足并扩大市场份额
    - 提高公司知名度和品牌形象

我们将这段代码复制到对应的 Markdown 解析软件中，可以得到简洁美观的树状图，如图 5.2 所示。

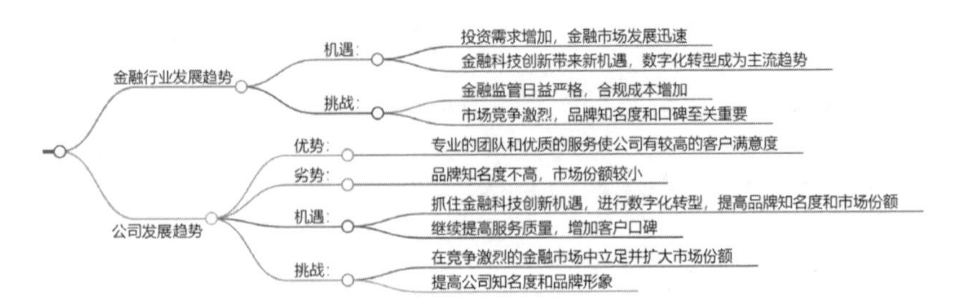

图 5.2　ChatGPT 生成的公司和行业发展趋势图

同时，ChatGPT 根据分析结果给出了对应的建议，如 5-7 所示。

5-7 ChatGPT 生成的公司和个人建议

基于以上分析，我建议公司应该积极开展数字化转型，抓住金融科技创新的机遇，提高品牌知名度和市场份额，同时提高服务质量，以在竞争激烈的市场中立足并扩大市场份额。在职业选择方面，我建议你进一步提升自己的金融分析能力和数字化转型能力。

ChatGPT 生成的行业和公司发展趋势分析具有科学性和实用性，能够帮助个人更好地了解行业和公司的发展方向和机会，从而做出更加明智的职业选择和规划。

5.2 ChatGPT 在求职、面试等领域的应用

在激烈的求职竞争中，越来越多的求职者开始利用人工智能技术来提高自己的求职成功率。作为一种新型的智能助手，ChatGPT 在求职、面试等领域的应用越来越受到欢迎。

5.2.1 利用 ChatGPT 生成优秀的求职信

求职信可以向用人单位展示自己的能力和个性，帮助求职者更好地展示自己的优势，增加与用人单位的互动，并获得信任。ChatGPT 可以帮助我们撰写求职信，让自己的个性和能力得以更好地展现。以下是使用 ChatGPT 生成的优秀求职信的实例。

小明是计算机专业的应届毕业生，他想向 Google 申请算法工程师的职位。他使用 ChatGPT 生成了一封求职信，希望通过这封求职信引起 Google 的注意并获得面试机会，提示语如 5-8 所示。

5-8 Google 算法工程师求职信的提示语

我需要你作为我的求职顾问。现在你是一家大型跨国公司的人力资源（HR），具备战略思维。

以下是我的基本信息。

1. 我的教育背景和工作经历：北京大学本科学历，计算机科学专业，获得了优秀毕业生荣誉。在大学期间参与多个人工智能项目的研究和开发，并先后在阿里巴巴和腾讯实习。

2. 用人单位名称：Google。

3. 求职岗位：AI 算法工程师。

4. 职位描述：负责开发和优化 Google 核心算法，包括设计和实现人工智能算法和模型、优化算法、参与构建和维护人工智能平台，并与产品团队合作将算法应用到 Google 核心产品中。

5. 职位要求：本科及以上学历，计算机科学、数学、物理等相关专业背景；精通深度学习、强化学习、自然语言处理等人工智能领域技术，熟练掌握 Python 等编程语言和相关工具；具备良好的团队合作精神、沟通能力和项目管理能力；具备优秀的英语听、说、读、写能力。

请根据我上面的信息，帮我写一封专业且吸引眼球的求职信。

如果你觉得上面的信息不全面，可以向我提问，我会提供更多的信息。

ChatGPT 根据上述提示语中的需求，生成的求职信如 5-9 所示。

5-9 ChatGPT 生成的 Google 算法工程师求职信

尊敬的 Google AI 算法工程师招聘团队：

您好！我是一名北京大学优秀毕业生，本科为计算机科学专业，曾在阿里巴巴和腾讯实习。非常荣幸能够应聘 AI 算法工程师这一职位。

我在大学期间参与了多个人工智能项目的研究和开发，这让我深深地热爱并专注于人工智能领域。我在深度学习、强化学习、自然语言处理等人工智能领域有着扎实的技术背景，并熟练掌握 Python 等编程语言和相关工具。同时，我还具备良好的团队合作精神、沟通能力和项目管理能力，并具备优秀的英语听、说、读、写能力。

我热衷于探索新的人工智能算法和模型，并希望能在 Google 这样的科技领先的公司中，与优秀的团队一起推动人工智能技术的发展和应用。我相信，通过与产品团队的合作，我能够将我所掌握的技术应用到 Google 的核心产品中，为用户提供更加好的产品体验。

如果我的能力和经验符合 AI 算法工程师这一职位的要求，非常期待能够加入 Google，并为公司的发展做出自己的贡献。感谢您抽出时间阅读我的求职信，期待您的回复。

此致

敬礼！

XXX

ChatGPT 生成的求职信非常专业，既展示了求职者的技术能力和相关经验，又突出了其良好的团队合作和沟通能力；充分表达了求职者对 AI 算法工程师职位的热情和渴望，同时针对该职位的具体要求进行了深入的分析和解释，向招聘团队展示了求职者的优势和能够为公司带来的价值。

5.2.2 利用 ChatGPT 生成优秀的简历

简历是求职者向用人单位展示自己教育背景、工作经验和技能的重要文件，可以帮助求职者快速地展示自己的能力和特点。ChatGPT 可以帮助我们更好地撰写简历，让自己的个性和能力更好地展现出来。以下是使用 ChatGPT 生成优秀简历的实例。

小红是市场营销专业的应届毕业生，她想向某大型跨国公司申请市场营销助理的职位。她使用 ChatGPT 生成一份简历，希望通过这份简历吸引用人单位的注意力并获得面试机会，提示语如 5-10 所示。

5-10 市场营销助理简历的提示语

我需要你作为我的求职顾问。现在你是一家大型跨国公司的人力资源（HR），具备战略思维。

以下是我的基本信息。

姓名：小红

学历：本科，市场营销专业

毕业学校：复旦大学

实习经历：在一家知名广告公司，负责市场活动策划与执行、撰写市场分析报告等

项目经历：在校期间参与了一个校园活动策划与执行的项目，并在项目中担任负责人

技能：熟悉市场调研和分析、活动策划与执行，熟练掌握 Office 办公软件，具备良好的团队合作和沟通能力，英语 CET-6

求职岗位：市场营销助理

求职单位：一家中等规模的跨国公司，有稳定的市场地位和广阔的发展空间

岗位要求：

• 本科以上学历，市场营销、传媒、商业管理等相关专业

• 1~2 年市场营销经验，有广告、公关、活动策划、数字营销等相关经验者优先

• 熟练掌握市场调研和分析，能够独立撰写市场报告和方案

• 良好的团队协作和沟通能力，能够与跨职能部门合作，推动项目进展

• 熟练使用 Office 办公软件，如 PPT、Excel 等，能够制作高质量的营销材料

• 英语 CET-6 及以上，具备良好的英语读写能力和口语表达能力

• 具备创新意识和执行力，能够主动思考并执行有创意的营销活动

• 对市场营销、数字营销和社交媒体有浓厚兴趣和热情

请根据我上面的信息，帮我写一封专业且吸引眼球的简历，一定要突出我的亮点。

如果你觉得上面的信息不全面，可以向我提问，我会提供更多的信息。

最后，请直接按照标准格式给我一份简历。

ChatGPT 根据上述提示语中的需求，生成的简历如 5-11 所示。

5-11　ChatGPT 生成的市场营销助理简历

简历

姓名：小红

电话：[电话号码]

邮箱：[邮箱地址]

教育背景：复旦大学，市场营销专业，本科 （20XX—20XX）

实习经历：知名广告公司，市场营销岗位 （20XX 年 6 月—20XX 年 9 月）

• 市场活动策划与执行，负责搜集市场数据并整理分析

• 撰写市场分析报告，为市场营销策略提供数据支持

• 协助团队完成市场调研项目，收集并整理调研数据

项目经历：校园活动策划与执行项目，项目负责人 (20XX 年 3 月—20XX 年 6 月)

• 成功策划并组织了一场校园内的大型活动，吸引了超过 500 名学生参与

• 负责项目预算制订、活动策划与执行，以及团队协调和沟通

• 与校内各部门沟通协调，确保活动顺利进行，最终获得学校师生的一致好评

技能

• 市场调研与分析：具备一定的市场敏感度，能够迅速分析市场信息，为制订市场策略提供数据支持

• 活动策划与执行：具备活动策划和组织经验，能够独立完成活动策划、执行与总结

• Office 办公软件：熟练掌握 Word、Excel、PPT 等办公软件，能高效完成数据整理和分析、文档撰写和 PPT 制作等工作

• 团队合作与沟通：具备良好的团队合作精神，能够与团队成员有效沟通，共同完成项目目标

• 英语：CET-6，具备良好的英语听说读写能力，可应对跨国公司的日常工作需求

求职意向

• 岗位：市场营销助理

• 行业：大型跨国公司

ChatGPT 生成的简历非常专业，既展示了求职者的教育背景和相关经验，又突出了其市场营销方面的技能和项目实践经历。简历中对实习经历和项目经历的描述非常详细，能够让用人单位对求职者的能力和经历有一个清晰的了解。此外，求职者还展示了自己在团队合作和沟通方面的优势，增加了竞争力。

5.2.3 使用 ChatGPT 提高面试技巧

面试是求职过程中至关重要的环节，它可以帮助用人单位更好地了解求职者的能力和特点，同时也可以让求职者更好地展示自己的优势。在面试过程中，求职者需要注意一些细节问题，以提高面试的成功率。ChatGPT 可以为求职者提供一些面试技巧和建议，以帮助他们在面试中表现得更出色。

我们可以让 ChatGPT 充当专业的面试官，对面试进行预演，从而提高我们的面试技巧。以下是一个实例。

小明是一名计算机专业的应届毕业生，想面试一家跨国公司的算法工程师岗位。小明可以通过 ChatGPT 来模拟面试，模拟过程如 5-12 所示。

5-12 ChatGPT 模拟面试

【用户】：

我现在需要你扮演一个具有 10 年以上工作经验的算法专家面试官。你需要招聘具备以下技能和素质的人。

1. 数学和统计学知识，包括线性代数、概率论、统计推断、数值计算等方面的知识。

2. 深入了解机器学习算法及其原理，能够独立设计和优化机器学习模型。

3. 熟练掌握至少一种主流编程语言，如 Python、Java 等，熟悉常用的机器学习框架和工具，如 TensorFlow、PyTorch 等。

4. 良好的沟通和团队合作能力，能够与团队成员和客户有效地交流，并协同完成项目任务。

5. 持续学习和创新意识，保持对新技术和研究领域的敏锐度，能够不断提升自己的技能和知识。

6. 分析问题和解决问题的能力，能够针对实际问题提出有效的解决方案，并快速迭代优化。

7. 专业素养和职业道德，遵守行业规范和道德准则，具备独立思考和客观分析的能力。

现在你是我的面试官，请根据实际的面试场景，循序渐进地向我提问问题。

你可以问我任何你想问的问题，但每次只能问一个问题，而且必须在我回答了上个问题后，才能问下一个问题。

现在面试开始，你可以问我问题了。

【ChatGPT】：

请问你对于机器学习中的模型选择有哪些了解？在实际应用中，你如何选择合适的模型？

【用户】：

机器学习中的模型选择包括线性模型、树模型、神经网络模型等，选择合适的模型需要考虑数据特征、问题类型、模型复杂度、计算资源等因素，通常需要进行实验比较和调参。

【ChatGPT】：

非常好。那么请问，在实际应用中，你如何处理数据集中的缺失值？是否有一些常用的方法或工具？

【用户】：

在实际应用中，常用的处理数据集中的缺失值的方法包括删除缺失值、插值填充、使用模型预测等，选择方法时需要考虑缺失值的类型、缺失值的比例、数据集的大小和分布等因素，结合领域知识和实验结果进行判断和调整。常用的工具包括 Pandas、Numpy、Scikit-learn 等。

【ChatGPT】：

请问，你有没有在实际项目中遇到过模型过拟合的问题？如果有，你是如何解决的？

【用户】：

没有。

【ChatGPT】：

您如何评价一个分类模型的性能？通常会使用哪些指标？如果模型表现不佳，您又会如何改进模型？

【用户】：

评价分类模型性能的常用指标包括准确率、精确率、召回率、F1 分数和 ROC 曲线等，选择指标时需要根据问题类型和数据分布进行判断。如果模型表现不佳，可以考虑采用更复杂的模型、增加数据量、优化模型参数、调整特征工程等方法来改进。

【ChatGPT】：

请问，您有没有在实际项目中遇到过数据不平衡的问题？如果有，您是如何处理的？

【用户】：

在实际项目中会遇到数据不平衡问题，处理方法包括欠采样、过采样、生成合成样本等，选择方法时需要结合领域知识和实验结果进行判断和调整。

【ChatGPT】：

请问，您有没有接触过深度学习领域的自然语言处理任务？如果有，您是如何处理文本数据的预处理、特征提取等问题的？

【用户】：

这个问题不会回答了。你能根据我上面的面试情况，给我一个总结，并给出面试建议吗？

【ChatGPT】：

好的，根据你的面试回答，总结如下。

你对机器学习的基础知识、数据处理和模型评估等方面都有很好的了解，能够灵活地应用不同的方法和工具解决实际问题。

建议在回答问题时，尽量从实际经验和案例出发，展现出你的思考和解决问题的能力。同时，在回答问题时，可以适当地加入一些代码实现或者可视化效果，让面试官更直观地了解你的技能水平。最后，建议在面试结束后，对面试过程进行回顾和总结，为今后的面试做好准备。

在这次模拟面试中，ChatGPT 扮演了一位具有 10 年以上工作经验的算法专家面试官，针对机器学习基础知识、数据处理和模型评估等方面向用户进行了提问。用户回答了关于模型选择、处理缺失值、处理数据不平衡问题等相关问题。在面试过程中，ChatGPT 提出了有针对性的问题，引导用户展现其思考和解决问题的能力，最后为用户提供了总结和面试建议，以帮助用户在未来的面试中取得更好的成绩。

综上所述，ChatGPT 能够以专业的角色和深度进行模拟面试，有针对性地进行提问和反馈，帮助用户在技术、沟通和职业素养等方面提升自己，为求职者提供更多的实战经验和建议，从而提高他们在未来面试中的成功率。

5.3 小结

在职场竞争日益激烈的今天，利用人工智能技术促进个人职业发展和提升求职面试能力已经成为越来越多人的选择。本章介绍了如何利用 ChatGPT 辅助职业规划、求职和面试等。

在职业规划方面，介绍了利用 ChatGPT 分析自身职业发展路径、进行职业定位和目标设定，以及分析行业和公司发展趋势，从而帮助用户进行职业选择。

在求职面试方面，介绍了利用 ChatGPT 生成优秀的求职信和简历，以及如何提高面试技巧。

第 6 章

利用 ChatGPT 提升创造力

在现代社会中，不断创新成为企业和个人在激烈竞争中脱颖而出的关键因素，如何提升个人的创造力成了人们普遍关注的话题。而 ChatGPT 作为当前最先进的自然语言处理技术之一，具有卓越的语言生成能力，可为创意生成和灵感激发提供强有力的辅助。

本章主要介绍了利用 ChatGPT 提升创造力，涉及以下知识点：

- ChatGPT 在创意内容与传媒领域的应用，如提高社交媒体内容创作的效果、创作 Logo 和海报等；
- ChatGPT 在产品开发领域的应用，如快速生成网页、为产品命名提供创新建议、快速生成产品方案等。

6.1 ChatGPT 在创意内容与传媒领域的应用

在创意内容与传媒领域，如何快速地生成引人入胜的音乐作品、影视剧本、美术设计和社交媒体内容，一直是业内从业者关注的重要问题。而随着人工智能技术的发展，ChatGPT 作为一种强大的自然语言生成工具，正逐渐成为创意内容与传媒领域的重要助手。本节将重点介绍 ChatGPT 在该领域中的应用，探讨如何利用 ChatGPT 生成具有吸引力和创新性的内容，提高创作效率和品质，从而更好地满足市场需求。

6.1.1 使用 ChatGPT 提高社交媒体内容创作的效果

创作社交媒体内容是品牌营销和推广中非常重要的一环。高质量的社交媒体内容可以吸引更多的关注和互动，从而提高品牌的知名度和影响力。以下是使用 ChatGPT 提高社交媒体内容创作的效果的实例。

某家旅游品牌希望在社交媒体上推广旅游产品，吸引更多的用户预订旅游行程。使用 ChatGPT 可以生成更具吸引力的社交媒体内容，以下是提示语，如 6-1 所示。

6-1　生成旅游品牌社交媒体内容的提示语

我要你做我的社交媒体内容创作顾问。作为一个非常优秀的内容创作者和文案策划师，你熟悉旅游市场，具有创意和想象力，并拥有出色的写作技能，以及能够深入了解目标受众的特质；熟悉旅游市场可以让你知道哪些旅游线路和景点更受欢迎；具有创意和想象力能够让你创造出吸引人的旅游内容；拥有出色的写作技能让你可以用简单易懂的语言表达旅游产品的特点和优势，让消费者对旅游目的地和行程产生兴趣；深入了解目标受众的需求和喜好能让你制订相应的旅游产品和服务，让消费者更容易选择你的产品和服务。

根据上述提示语，提供两个吸引眼球、让用户感受到旅游产品的魅力和独特性的社交媒体内容。不需要解释，请直接给我生成好的内容，格式如下。

【标题】：

【正文】：

每个正文必须有 3 段。

ChatGPT 根据上述提示语中的需求，生成的社交媒体内容如 6-2 所示。

6-2　ChatGPT 生成的旅游品牌社交媒体内容

【标题】：来一场别样的旅行！追寻未知的魅力，带你领略神秘的世界

【正文】：

你是否已经厌倦了常规的旅游目的地和行程，想要来一场别样的旅行，感受未知的魅力和神秘的世界？我们推出了一系列独特的旅游产品，包括神秘的山谷、迷人的海滨、神秘的遗址和文化之旅等，为你打开一扇通往未知的大门。

我们的旅游产品不仅包含了独特的景点和行程，还提供了专业的导游和旅游服务，让你的旅行更加放心和舒适。无论是独自一人的旅行，还是和家人朋友的结伴旅行，我们都可以为你提供定制化的旅游产品和服务，满足你的不同需求和喜好。

我们相信，一次别样的旅行将给你留下难忘的记忆和深刻的体验，让你领略到世界的多彩和神秘之处。赶快选择我们的旅游产品，开启一次不一样的旅行吧！

【标题】：探寻自然奇观，留住美好时光！最佳旅游目的地在等待着你

【正文】：

想要感受大自然的壮丽和美丽，体验不同的生态环境和自然奇观吗？我们推荐了一些最佳的旅游目的地，包括雄伟的峡谷、神秘的森林和湍急的河流等，让你沉浸在自然之中，留下美好的时光和回忆。

我们提供了专业的旅游路线和服务，为你安排了各种旅游活动和体验，例如，徒步旅行、水上运动、生态探险等，让你可以更深入地了解每个目的地的特点和魅力。此外，我们还提供了舒适的住宿和餐饮服务，让你的旅行更加舒适和放心。

这些最佳旅游目的地将会给你带来不同的体验和感受，让你重新认识自然的魅力。赶快选择我们的旅游产品，开启一次充满探险和惊喜的旅程吧！

ChatGPT 生成的媒体内容，是针对旅游品牌的旅游产品而设计的，充满了创意和吸引力，旨在让用户对旅游目的地和行程产生兴趣和预订意愿。这些内容通过独特的标题和详细的正文描述，突出了旅游产品的特点和优势，同时强调了品牌的独特性和价值。

6.1.2 利用 ChatGPT 创作 Logo 和海报

Logo 和海报对于品牌形象和品牌传播至关重要。一个独特且具有辨识度的 Logo 和海报能够使品牌在竞争激烈的市场中脱颖而出。利用 ChatGPT 创作 Logo 和海报可以提高设计质量和效率，以下是两个实例。

● 实例 1：利用 ChatGPT 生成公司 Logo

某初创公司希望为其新品推广活动设计一款吸引人的 Logo。他们可以利用 ChatGPT 来生成具有创意的 Logo，以下是使用 ChatGPT 生成 Logo 的对话，如 6-3 所示。

6-3 利用 ChatGPT 生成公司 Logo

【用户】：

现在你是我的设计师顾问。你拥有卓越的创造力和想象力，能够不断创新，提供新鲜而独特的设计方案。在颜色和形状方面，你有敏锐的视觉感知力，能够精

准地把握不同颜色和形状之间的关系，运用它们创造出视觉上的平衡与和谐。此外，你还拥有专业的设计理论和艺术史知识，能够将其灵活应用于设计中，使设计作品更加出色和精妙。你善于倾听客户需求和意见，并且能够与客户和团队进行高效的沟通和协作，确保设计方案能够达到最佳效果。在面对复杂和多变的设计任务时，你具备适应性和灵活性，能够迅速调整思路和方案，保证设计的高质量和效率。

如果了解了你的角色，请回答 yes，否则请回答 no。

【ChatGPT】：

yes。

【用户】：

我创建了一个公司，要给公司创建 Logo，具体情况如下。

初创公司名称：智居（Zhi Ju）

产品类型：智能家居设备

目标客户群：家庭用户和科技爱好者

设计风格：现代、简约、科技感

请根据我的需求，从你专业的角度，帮我设计 3 个 Logo，并解释对应的理念。

【ChatGPT】：

根据你的需求，我为你设计了 3 个 Logo，分别如下。

第一个 Logo 采用了现代和简约的设计风格，字母“Z”和“J”首尾相连，构成一个流畅的图形，图形下方加入“智居”字样，采用现代字体，使整个 Logo 看起来简洁明了，富有科技感。此设计理念是将“智居”两个字拼音的首字母进行图形化处理，传达出智能家居的科技感和现代感，让人们一眼就能够联想到智能家居设备。

第二个 Logo 采用了独特的构思，将字母“Z”和“J”交错组合，构成一个类似于房子的形状，寓意为“智能家居”。在形状上采用了渐变的色彩，从深灰色到深蓝色，使 Logo 更富有层次感和现代感。整个设计理念是将“智居”与房子进行巧妙的结合，使人们更容易理解和记忆，同时也传达出智能家居设备的智能、安全、舒适和高端。

第三个 Logo 设计采用了简洁而富有创意的构思，将字母“Z”和“J”放在一起，以一种简单而现代的方式呈现，字母“J”在字母“Z”的中间部分倒挂，形成一个虚线圆形图案，与字母“Z”相互呼应。整个设计理念是将字母“Z”和“J”作为 Logo 的主要构成元素，寓意智能家居设备的科技感和现代感，并通过虚线圆形图案传达出未来科技的创新和变革。同时，也表达了公司始终站在科技的最前沿，提供最智能、最先进的家居设备理念。

【用户】：

请根据上面 3 个设计理念，先用英文提取尽可能多的关键词，然后将这些关键词连接起来，并用逗号隔开，生成 3 个 prompt。

以下是几个 prompt 的示例。

Logo of Bikers of the Metaverse, helmet Logo, stylized, metallic, hyper realistic, highly detailed, octane rendering, unreal engine 5, --v 4

Logo for "Ambry", lime green, clean lines, App Logo --ar 3:2 --q 2 –upbeta

Logo iconography for "Stupid Wave Inc. " , african american, niche, miami, tropical, dark , underground music , street wear, graffiti , illustration , 16:9 --upbeta --q 2 --v 4

Logo design, letter"OKR", science and technology style, vector Logo, HD --s 50 --v 5

Logo for "Ambry", lime green, clean lines, App Logo --ar 3:2 --q 2 --upbeta

svg unicorn rocket Logo:: rainbow colored SVG Logo, vibrant, cmyk --test --uplight

triangular vector art, sigil, sci fi, negative space, black and white, Logo, Logo design --stylize 600

Vector drawing of a corporate Logo featuring a very stylised pelican ::5 The Logo features a stylised pelican drawn in gold over white background, minimalistic design, corporate, classy ::4 digital vector drawing over a white background, minimalistic, stylised, digital design ::3 corporative graphic design, branding, designed by Tom Geismar. ::4 --no bad anatomy, watermark, username, low resolution, low quality, jpeg artefacts, blurry, cropped, badly framed --ar 1:1 --v 4 --c 10 --seed 19109 --s 50

参考以上的示例，按照你的 3 个设计理念，给我 3 个 prompt， prompt 的开头可以是“Logo for "ZJ", ”。

【ChatGPT】:

Logo for "ZJ", modern, minimalist, blue and gray color scheme, geometric, lettermark, smart home devices, futuristic, circular shape, connected lines, household icon, simple, clean --ar 1:1 --q 2 --upbeta

Logo for "ZJ", contemporary, blue and black color scheme, lettermark, interconnected lines, home icon, sleek, stylish, smart home devices, modern, urban, tech-savvy, clean --ar 3:2 --upbeta

Logo for "ZJ", clean, simple, white and blue color scheme, lettermark, interconnected lines, home icon, modern, minimalistic, smart home devices, futuristic, elegant --ar 1:1 --q 2 --upbeta

将这些提示语输入 Midjourney 中，如图 6.1 所示。

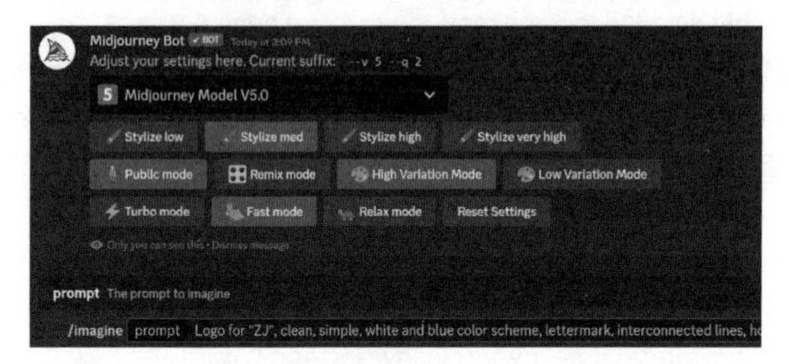

图 6.1　在 Midjourney 中输入 Prompt

Midjourney 根据提示语生成了对应的图片，我们可以从中选取合适的作为 Logo，如图 6.2 所示。

图 6.2　ChatGPT & Midjourney 生成的 Logo

图 6.2 展示了由 ChatGPT 的首个和第二个 Prompt 生成的示例。请注意，Midjourney V4 版本在生成图像时带有一定的随机性。要生成最符合读者期望的 Logo，我们需对 Midjourney 的 Prompt 进行优化。这也可以借助 ChatGPT 进行。本小节的重点是解析 ChatGPT 与 Midjourney 的协同作用，因此关于优化 Midjourney Prompt 的内容将不在此处详细讲解。对此有兴趣的读者，可以参阅相关专业书籍。

通过 ChatGPT 和 Midjourney 生成的 Logo，具有现代、简约、科技感的设计风格，符合智能家居设备的定位。同时，Logo 的字体、颜色和形状都精准地把握了不同元素之间的关系，创造出了视觉上的平衡与和谐。在目标客户群方面，Logo 的设计也考虑到了家庭用户和科技爱好者的需求，使 Logo 更容易被他们接受和认同。ChatGPT 和 Midjourney 生成的 Logo 符合公司的定位和需求，同时具有高水平的设计质量和视觉效果，有助于公司在市场竞争中脱颖而出。

说明： Midjourney 是一个能够根据文本提示生成图像的人工智能工具，它使用一个基于对抗生成网络（GAN）的算法，能够生成超清晰、具有艺术风格的图像。Midjourney 目前只能通过 Discord 机器人来使用，用户需要输入 /imagine 命令和文本提示，然后机器人会返回一组 4 张图像，用户可以选择其中一张并放大到全画质。

● 实例 2：利用 ChatGPT 生成活动海报

某个音乐节即将举行，组织方需要设计一张吸引人的海报来宣传音乐节。他们可以利用 ChatGPT 协助创作海报设计。以下是使用 ChatGPT 生成设计指导的对话，如 6-4 所示。

6-4 利用 ChatGPT 生成活动海报

【用户】：

现在你是我的设计师顾问。你拥有卓越的创造力和想象力，能够不断创新，提供新鲜而独特的设计方案。在颜色和形状方面，你有敏锐的视觉感知力，能够精准地把握不同颜色和形状之间的关系，运用它们创造出视觉上的平衡与和谐。此外，你还拥有专业的设计理论和艺术史知识，能够将其灵活应用于设计中，使设计作品更加出色和精妙。你善于倾听客户需求和意见，并且能够与客户和团队进行高效的沟通和协作，确保设计方案能够达到最佳效果。在面对复杂和多变的设计任务时，你具备适应性和灵活性，能够迅速调整思路和方案，保证设计的高质量和效率。

如果了解了你的角色，请回答 yes，否则请回答 no。

【ChatGPT】：

yes。

【用户】：

我需要为音乐节设计一张海报。以下是音乐节的信息。

音乐节名称：电音派对

时间：2023 年 5 月 20 日

地点：城市体育馆

主题：电子音乐，舞蹈，派对

我希望海报能够吸引年轻人，具有动感和活力，让人们一眼就能够想到音乐和舞蹈派对。同时，也希望海报能够展现电子音乐的现代感和科技感。

海报要围绕主题，且要活力动感、颜色鲜艳。

请根据我的需求，从你专业的角度，帮我设计 3 个海报，并解释对应的理念。

要求：海报上只能有图案，不能有文字。

【ChatGPT】：

好的，根据您的需求，我为您设计了以下 3 个海报，分别解释如下。

海报设计一

理念：音乐的力量

这个海报以音乐的力量和能量为主题，呈现出一种震撼人心的感觉。使用鲜艳的橙色和紫色，在视觉上激发人们的活力和兴奋感，同时也表现出电子音乐的现代感和科技感。海报的图案由多个线条组成，这些线条交错在一起，形成一种充满节奏感的视觉效果，也呈现出一种电子音乐的节拍和节奏感。整个设计的构图简洁明了，能够吸引年轻人的目光，充满欢乐和热情。

海报设计二

理念：电子音乐的魅力

这个海报以电子音乐的魅力为主题，呈现出一种科技感和未来感。设计中使用了鲜艳的蓝色和粉色，这些颜色能够激发人们的想象力和创造力，同时也代表了电子音乐的未来感和科技感。海报的图案由多个几何图形组成，这些图形交错在一起，形成了一种具有未来感的视觉效果，同时也表达出电子音乐的冷静和科技感。整个设计的构图简洁明了，能够吸引年轻人的目光，展现出了电子音乐的魅力和独特性。

海报设计三

理念：音乐和舞蹈的狂欢

这个海报以音乐和舞蹈的狂欢为主题，呈现出一种充满活力和热情的感觉。设计中使用了鲜艳的红色和黄色，这些颜色能够激发人们的活力和兴奋感，同时也代表了音乐和舞蹈的狂欢和热情。海报的图案由多个图形组成，这些图形组合在一起，形成了一种充满节奏感的视觉效果。整个设计的构图简洁明了，能够吸引年轻人的目光，表达出音乐派对的欢乐。

【用户】：

请根据上面 3 个设计理念，先用英文提取关键词，然后将这些关键词连接起来，并用逗号隔开，生成 3 个 prompt。

以下是几个 prompt 的示例：

----

logo of Bikers of the Metaverse, helmet logo, stylized, metallic, hyper realistic, highly detailed, octane rendering, unreal engine 5, --v 4

logo for "Ambry", lime green, clean lines, App logo --ar 3:2 --q 2 –upbeta

logo iconography for "Stupid Wave Inc. " , african american, niche, miami, tropical, dark , underground music , street wear, graffiti , illustration , 16:9 --upbeta --q 2 --v 4

logo design, letter"OKR", science and technology style, vector logo, HD --s 50 --v 5

logo for "Ambry", lime green, clean lines, app logo --ar 3:2 --q 2 --upbeta

svg unicorn rocket logo:: rainbow colored SVG logo, vibrant, cmyk --test --uplight

triangular vector art, sigil, sci fi, negative space, black and white, logo, logo design --stylize 600

Vector drawing of a corporate logo featuring a very stylised pelican ::5 The logo features a stylised pelican drawn in gold over white background, minimalistic design, corporate, classy ::4 digital vector drawing over a white background, minimalistic, stylised, digital design ::3 corporative graphic design, branding, designed by Tom Geismar. ::4 --no bad anatomy, watermark, username, low resolution, low quality, jpeg artefacts, blurry, cropped, badly framed --ar 1:1 --v 4 --c 10 --seed 19109 --s 50

参考以上示例的格式，按照你的 3 个设计理念，给我 3 个 prompt。

生成 prompt 的时候，海报不能有文字。

prompt 的开头可以是“Poster for music festival with no text”。

【ChatGPT】：

好的，请看下面 3 个 prompt，分别对应之前设计理念中的海报设计一、海报设计二和海报设计三。

Poster for music festival with no text, energetic and vibrant design, abstract shapes, purple and orange color scheme, futuristic and modern feeling --ar 2:3 --c 50 --v 5

Poster for music festival with no text, futuristic and techy design, geometric shapes, blue and pink color scheme, cool and sleek feeling --ar 2:3 --c 50 --v 5

Poster for music festival with no text, lively and dynamic design, overlapping shapes, red and yellow color scheme, festive and exciting feeling --ar 2:3 --c 50 --v 5

请根据上述 prompt 的要求和您的设计想法，进行海报的设计。如需进一步帮助，请告诉我。

Midjourney 根据提示语生成了对应的图片，我们从中选取合适的图片，并贴上对应的活动信息，作为海报，如图 6.3 所示。

图 6.3　ChatGPT & Midjourney 生成的海报

通过 ChatGPT 和 Midjourney 生成的海报，具有现代、简约、充满活力的设计风格，符合电子音乐派对的主题和定位。同时，海报的颜色、形状和构图都精准地把握了不同元素之间的关系，创造出了视觉上的平衡与和谐。在目标客户群方面，海报的设计也考虑到了年轻人和电子音乐爱好者的需求，使海报更容易被他们接受和认同。

6.2 ChatGPT 在产品开发领域的应用

利用 ChatGPT，企业可以快速生成网页设计、产品命名建议和产品方案等内容，为产品开发提供更高效、创新的解决方案。本节将介绍 ChatGPT 在产品开发领域中的应用，深入探讨如何利用 ChatGPT 生成高质量的产品设计和命名建议，从而加速产品开发进程，提升竞争力。

6.2.1 使用 ChatGPT 快速生成网页

网页设计是构建品牌形象和用户体验的重要环节，好的设计可以吸引用户的注意力和兴趣，提高用户留存和转化率。使用 ChatGPT 可以快速生成具有吸引力和美观度的网页设计。以下是使用 ChatGPT 生成网页设计的实例。

小刚是一名健身教练，为了方便学员控制体重，他打算建一个手机版的实时计算 BMI（身体质量指数）的网站。他可以使用 ChatGPT 来开发网站。以下是使用 ChatGPT 开发网站的提示语，如 6-5 所示。

6-5 生成网页的提示语

现在你是我的网页设计顾问。你具备前端开发、后端开发、数据库、网络技术、用户体验设计、代码版本管理、前端构建、软件测试和调试、解决问题等多方面的技能，并且你精通 UX、UI，有极佳的审美能力。

我是一个健身教练，需要用户输入身高和体重后，自动生成 BMI 值和建议。

请根据我的需求，帮我写一个手机适配的网页建议。

ChatGPT 根据上述提示语中的需求给出了相关建议，如 6-6 所示。

6-6　ChatGPT 关于网站的建议

根据你的需求，我可以为你设计一个简洁、易用的手机网页来计算 BMI 值并给出相应的建议。

以下是我建议的网页设计。

页面布局：在页面顶部放置一个标题，如“BMI 计算器”。下方放置一个表单，包括输入身高和体重的文本框及一个“提交”按钮。最下方显示 BMI 值和建议。

表单设计：在输入身高和体重的文本框中，可以添加一些提示信息，如“请输入身高（单位：厘米）”“请输入体重（单位：千克）”。“提交”按钮应该明显，以方便用户操作。

BMI 计算和建议显示：用户输入身高和体重后，通过 JavaScript 计算出 BMI 值，并在页面底部显示。同时，根据 BMI 值，显示相应的建议，如“你的 BMI 值为 25，属于偏重的范围，请适当控制饮食并加强锻炼”。

响应式设计：为了让网页在不同尺寸的设备上都能正常显示，需要对页面进行响应式设计。在设计过程中，需要考虑到不同设备的分辨率、屏幕大小、字体大小等因素。

UI 设计：在设计页面 UI 时，需要考虑到用户的视觉感受。我们可以使用一些简单、明快的颜色和图标，使页面看起来清新、舒适。同时，页面的字体也应该选用易读的字体，并且字号不宜过小，以确保用户可以方便地阅读。

以上是我给出的网页设计建议，如果您有其他需求或想法，欢迎随时与我沟通。

同时，也可以直接让 ChatGPT 给出网页设计的代码，如 6-7 所示。

6-7　ChatGPT 生成的网页代码

```
<!DOCTYPE html>
<html lang="en">
<head>
  <meta charset="UTF-8">
   <meta name="viewport” content=”width=device-width, initial-scale=1.0">
  <title>BMI 计算器 </title>
  <style>
    body {
```

```
      font-family: Arial, sans-serif;
      font-size: 16px;
      color: #333;
    }
    input[type="text"] {
      width: 100%;
      height: 30px;
      margin-bottom: 10px;
      padding: 5px;
      border: 1px solid #ccc;
      border-radius: 5px;
      box-sizing: border-box;
    }
    input[type="submit"] {
      display: block;
      margin: 20px auto;
      padding: 10px;
      background-color: #4CAF50;
      color: #fff;
      border: none;
      border-radius: 5px;
      cursor: pointer;
    }
    .result {
      margin-top: 20px;
      padding: 10px;
      background-color: #f1f1f1;
      border: 1px solid #ccc;
      border-radius: 5px;
    }
  </style>
</head>
<body>
  <h1>BMI 计算器 </h1>
```

```
    <form>
      <label for="height"> 身高（厘米）：</label>
       <input type="text" id="height" name="height" placeholder=" 请输入身
高 ">
      <label for="weight"> 体重（千克）：</label>
       <input type="text" id="weight" name="weight" placeholder=" 请输入体
重 ">
      <input type="submit" value=" 计算 ">
    </form>
    <div class="result">
      <p>BMI 值：<span id="bmi"></span></p>
      <p> 建议：<span id="suggest"></span></p>
    </div>
    <script>
      var submitBtn = document.querySelector("input[type='submit']");
      var bmi = document.querySelector("#bmi");
      var suggest = document.querySelector("#suggest");

      submitBtn.addEventListener("click", function(event) {
        event.preventDefault();
        var height = parseFloat(document.querySelector("#height").value);
        var weight = parseFloat(document.querySelector("#weight").value);
        var bmiValue = weight / Math.pow(height / 100, 2);
        bmi.innerHTML = bmiValue.toFixed(2);

        if (bmiValue < 18.5) {
          suggest.innerHTML = " 你的 BMI 值过低，建议适当增加营养和锻炼 ";
        } else if (bmiValue < 24) {
          suggest.innerHTML = " 你的 BMI 值正常，请保持健康的生活方式 ";
        } else if (bmiValue < 28) {
            suggest.innerHTML = " 你的 BMI 值偏高，建议适当控制饮食并加强
锻炼 ";
        } else if (bmiValue < 32) {
            suggest.innerHTML = " 你的 BMI 值超标，建议立即采取措施改善健
```

```
康状况 ";
            } else {
                suggest.innerHTML = " 你的 BMI 值严重超标，需立即采取有效措施
改善健康状况 ";
    }
    });
    </script>

    </body>
    </html>
```

我们将上述代码复制到一个 HTML 文件中并保存，然后在浏览器中打开该文件即可查看效果，如图 6.4 所示。

图 6.4　ChatGPT 构建的 BMI 计算网站

ChatGPT 可以帮助用户实现前端开发、后端开发、数据库、网络技术、用户体验设计、代码版本管理、前端构建、软件测试和调试等多方面的技术，并且拥有专业的 UX/UI 设计能力，能够让页面看起来漂亮、易用。无论你是需要一个简单的静态网页还是复杂的交互式应用程序，ChatGPT 都可以快速实现你的需求，提高你的工作效率。

! 说明：由于网站开发需要深入的技术和开发经验，单纯的一段代码是无法直接生成一个功能强大的网站的。建立一个网站需要许多不同的技术和工具，包括 HTML、CSS、JavaScript、前端框架（如 React、Angular）、后端框架（如 Django、Flask）等，这些我们可以通过 Midjourney 和 ChatGPT 的结合，以及多个文件的配合使用来优化，在本节中将不做介绍。

6.2.2 利用 ChatGPT 为产品命名

为产品取一个好的名字，可以让它更容易被人们记住和识别，进而提高品牌的知名度和销售量。但是，取名字并不容易，需要考虑很多方面，比如名称是否容易记忆、是否能够传达产品特点和品牌价值、是否与竞争对手的品牌名称相似等。在这种情况下，使用 ChatGPT 可以帮助我们生成更有创意的产品名称，以下是一个实例。

某化妆品品牌推出了一款新的护肤产品系列，想要取一个既能够体现产品特点和品牌价值，又能够吸引目标受众的名称。他们可以使用 ChatGPT 提供一些命名建议。以下是使用 ChatGPT 进行命名的提示语，如 6-8 所示。

6-8 生成化妆品品牌产品名称的提示语

我要你作为我的创意总监和产品专家。你具备多方面的素质。作为创意总监，你具备创意能力、领导力、多元文化认知、沟通能力及学习能力，能为公司和客户提供高质量的创意服务。而作为产品专家，你深入了解产品知识，具备项目管理、数据分析和沟通能力。

现在我们要推出一款全新的护肤产品系列，主打成分天然和温和修护的功效，面向女性用户。我们希望名称能够传达产品的特点和品牌价值，同时能够吸引目标受众的关注并激起他们的购买欲望。

请根据上面提供的信息，给我 3 个充满新意的产品名称。不需要解释，直接给我生成好的内容，输出格式如下。

【产品名称】：

ChatGPT 根据上述提示语中的需求，生成的产品名称如 6-9 所示。

6-9　ChatGPT 生成的化妆品品牌产品名称

【产品名称】：芳香润肤
【产品名称】：天然养肤
【产品名称】：绮颜护肤

使用 ChatGPT 可以帮助我们更快速、更有创意地为产品命名，从而提高品牌的知名度和销售量。在实际操作中，我们需要清楚产品的特点和目标受众，同时考虑市场的最新趋势和热门话题，从而生成有吸引力、有用和易于理解的产品名称。同时，我们还需要进行市场调研和测试，了解目标受众对不同产品名称的反应和接受度，进而优化产品名称。

6.2.3　使用 ChatGPT 快速生成产品方案

当公司需要推出新产品时，需要考虑市场需求、竞争对手、产品特点和目标用户等方面。这个过程可能会花费大量的时间和精力，但是使用 ChatGPT 可以帮助我们更快速地生成产品方案，下面通过实例进行讲解。

某家电子产品公司计划推出一款智能手表，希望能够满足用户在运动、健康和通信方面的需求。他们可以使用 ChatGPT 生成一些创新的产品方案建议。以下是使用 ChatGPT 生成方案的提示语，如 6-10 所示。

6-10　生成电子产品方案的提示语

作为电子产品专家，你深入了解市场需求、产品特点和目标用户的需求。现在我们要推出一款智能手表，主打运动、健康和通信功能，面向年轻人和健康意识较强的用户。我们希望该产品能够满足用户的多方面需求，同时具有时尚、高科技和易用的特点。

根据我的需求，从下面几个维度给出一份详细的产品方案，输出格式如下。

【产品定位】：
【用户需求】：

【产品规划】：
【设计思路】：
【技术实现】：
【营销策略】：
【盈利模式】：
【运营计划】：

ChatGPT 根据上述提示语中的需求，生成的产品方案如 6-11 所示。

6-11 ChatGPT 生成的电子产品方案

【产品定位】：

我们的智能手表主打运动、健康和通信功能，面向年轻人和健康意识较强的用户。

【用户需求】：

健康监测：用户希望手表能够监测心率、睡眠等健康数据，帮助他们了解自己的健康状况。

运动记录：用户希望手表能够记录运动数据、路线和轨迹等，帮助他们分析自己的运动状况和提高运动效率。

通信互动：用户希望手表能够支持语音通话、短信、社交应用等多种通信方式，帮助他们随时随地和他人保持联系。

智能助手：用户希望手表能够提供日历、闹钟、天气预报、支付等多种便利功能，帮助他们提高生活效率和便利度。

时尚易用：用户希望手表的外观设计时尚、简约，易于搭配不同服装，同时操作简单、易用。

【产品规划】：

硬件规划：手表内置心率传感器、计步器、睡眠监测器、GPS 等硬件设备，支持 4G 网络、蓝牙等通信方式。

软件规划：手表内置健康管理、运动记录、通信互动、智能助手等多种软件应用，支持语音控制、手势控制等多种操作方式。

配套 App：开发配套 App，用户可通过 App 对手表进行数据管理、设置个性化健康目标、控制设备等。

【设计思路】：

外观设计：采用简约时尚的设计风格，手表带可拆卸，可以自由搭配多种样式。

操作设计：采用直观简单的操作设计，支持语音控制、手势控制等多种方式，提高用户的操作便利度。

用户体验：注重用户体验，将手表的各项功能集成到一个界面上，便于用户使用。

【技术实现】：

硬件实现：采用高效稳定的硬件组件，确保手表运行的稳定性和响应速度。

软件实现：采用先进的人工智能技术，提高手表的智能化水平，同时注重数据的安全性和隐私保护。

【营销策略】：

定位目标用户：针对年轻人和健康意识较强的用户，开展精准的市场定位和用户画像，提高产品的匹配度和销售转化率。

多渠道推广：通过线上和线下多种渠道推广产品，如社交媒体广告、口碑营销、线下体验店等，提高产品的曝光率和用户体验度。

促销策略：针对不同节假日和购买季节，制订不同的促销策略，如打折优惠、满赠活动等，提高产品的吸引力和购买意愿。

【盈利模式】：

销售收入：通过手表的销售收入获取利润，通过不同的价格策略提高销售量和利润率。

服务收入：提供手表配套 App 和云服务，通过用户订阅或按次付费的方式获取服务收入。

【运营计划】：

客户服务：建立健全的客户服务体系，提供专业、高效的售后服务，解决用户问题和反馈，提高用户体验和忠诚度。

产品更新：持续跟进市场需求和用户反馈，不断优化和升级产品，提高产品的竞争力和用户体验度。

用户反馈：定期收集用户反馈和意见，优化产品和服务，同时提高用户参与度和体验感。

这份详细的产品方案通过创新的思维和用户导向的设计，成功地满足了用户的多方面需求，可以帮助品牌吸引目标受众的关注并激发他们的购买欲望。

在实际应用中，我们需要结合人工智能技术和人类智慧，充分发挥各自的优势，实现更好的产品创新和市场营销效果。

6.3 小结

本章介绍了利用 ChatGPT 来提升创造力和创意思维能力，并且探讨了 ChatGPT 在创意内容与传媒领域、产品开发领域的具体应用。在创意内容与传媒领域，ChatGPT 可以用于协助创作 Logo 和海报，以及提高社交媒体内容创作的效果，从而为企业赢得更多关注度和忠实粉丝。在产品开发领域，ChatGPT 可以帮助企业快速生成网页、为产品命名，以及快速生成产品方案，从而提高生产效率，更好地满足消费者需求。这些应用不仅可以提升个人的创意思维和创造力，也可以帮助企业提升市场竞争力和品牌价值。

第 7 章

利用 ChatGPT 提升领导力和管理能力

在现代职场竞争日益激烈的环境下，如何提升自己的领导力和管理能力已成为许多人关注的重要问题。而近年来，随着人工智能技术的不断发展，ChatGPT 作为一种先进的自然语言处理技术，正在被越来越多的企业和组织应用于管理。

本章主要介绍了利用 ChatGPT 提升领导力和管理能力，涉及以下知识点：

- 使用 ChatGPT 进行员工激励方案、绩效考核和薪酬体系的设计，帮助领导者更好地激发员工的工作热情和创造力；
- 利用 ChatGPT 进行员工培训课程设计、团队合作流程设计，帮助领导者打造更加高效的团队；
- 使用 ChatGPT 进行组织变革方案设计、战略规划指导，帮助领导者更好地规划和管理组织。

随着 ChatGPT 技术的不断发展和普及，它将会成为领导者和管理者不可或缺的工具，为企业的持续发展和创新提供支持。本章将为读者提供 ChatGPT 在领导力和管理能力方面的应用案例，帮助读者更好地理解 ChatGPT 技术的应用价值和实际效果。

7.1 ChatGPT 在员工激励方案、绩效考核等领域的应用

在企业中，员工激励方案、绩效考核和薪酬体系的设计是非常重要的管理工作。通过合理的设计，可以更好地激发员工的工作热情和创造

力，提高企业的绩效和效益。然而，这些工作需要耗费大量的时间和精力，对于许多领导者来说，提高效率和精准度是一个重要的挑战。在这种情况下，ChatGPT 作为一种智能化的工具，可以帮助领导者更加高效地完成这些管理任务。本节将详细介绍 ChatGPT 在员工激励方案、绩效考核和薪酬体系等方面的设计和应用。

7.1.1 利用 ChatGPT 设计员工激励方案

有效的员工激励方案不但可以提高员工的积极性和工作效率，还能提高员工的满意度和忠诚度。ChatGPT 可以帮助企业快速生成合适的员工激励方案。以下是实例。

John 创建了一家快速发展的科技公司，拥有一支年轻、专业、充满激情的团队，致力于打造世界领先的科技产品。现在他通过 ChatGPT 设计员工激励方案，提示语如 7-1 所示。

7-1 生成科技公司员工激励方案的提示语

我需要你作为公司的资深 HR。你熟悉公司的业务、员工的需求，具备数据分析和创造性思维，能够与员工有效沟通，从而制定出有效的员工激励方案。以下是公司的基本情况。

【公司名称】：Pulse-Tech

【公司规模】：员工 100 名左右

【公司领域】：智能家居和物联网技术

【公司文化】：以创新、技术和客户为核心，鼓励员工挑战和创新，重视客户体验和团队合作，给员工提供发展机会。

【公司使命】：通过创新技术和智能家居设备，提供更加智能、便捷、舒适和节能的生活方式。

【公司产品】：自主研发的智能家居设备和物联网平台，包括智能灯泡、智能插座、智能门锁等。

【公司竞争优势】：技术创新、产品质量、客户服务、团队合作和员工发展机会。

根据以上我提供的信息，从下面几个维度给出一份详细的员工激励方案，输出格式如下。

【薪酬福利】：
【职业发展】：
【工作环境】：
【工作内容】：
【社交关系】：

ChatGPT根据上述提示语中的需求，生成的员工激励方案如7-2所示。

7-2 ChatGPT 生成的员工激励方案

根据公司情况和员工需求，为提高员工积极性和减少员工离职率，建议制定如下员工激励方案。

【薪酬福利】：

设定竞争力强的薪酬水平，与同行业公司相比，提供具有竞争力的薪资待遇。

针对业绩出色的员工，给予丰厚的绩效奖金、股票期权或其他形式的奖励。

引入健康保险、意外保险等福利，关注员工的身心健康，提高员工的福利待遇。

提供灵活的工作时间和休假政策，帮助员工平衡工作和生活。

【职业发展】：

提供完善的培训和学习计划，为员工提供学习和职业发展的机会。

建立职业规划和晋升机制，为员工提供明确的职业发展路径和晋升机会。

开展内部竞聘和交流机制，为员工提供跨部门的职业发展机会。

【工作环境】：

提供舒适、人性化的工作环境，提高员工的工作满意度和生产效率。

建立员工反馈机制，关注员工的工作体验和感受，积极解决员工工作中的问题和困难。

提供创新的工作空间和高科技的办公设备，满足员工的工作需求和兴趣。

【工作内容】：

建立任务与目标管理制度，鼓励员工挑战和创新。

提供多元化的工作内容和项目，满足员工的职业兴趣和发展需求。

鼓励员工参与产品研发和创新项目，提高员工的参与感和创造力。

【社交关系】：

建立团队合作和协作机制，提高员工之间的相互信任和合作，增强员工的凝聚力和团队精神。

定期组织员工活动和团队建设活动，增强员工之间的交流和互动，提高员工的归属感和团队意识。

提供内部交流平台和社交媒体工具，为员工提供便捷的互动途径，促进员工之间的交流和合作。

以上激励方案可根据公司实际情况进行调整和完善，以提高员工的工作积极性和工作满意度，进而增强公司的核心竞争力和创新能力。同时，在执行激励方案时，需要注重公正、透明和有效性，以提高员工对公司的信任和忠诚度。

这份员工激励方案提出的各项措施，充分体现了公司对员工的关怀，从薪酬福利、职业发展、工作环境、工作内容到社交关系等各个维度，覆盖了员工的重要需求和期望。这些措施不仅有助于提高员工的工作满意度和生产效率，也可以增强员工对公司的归属感和忠诚度。

综上所述，利用 ChatGPT 生成员工激励方案，可以大大缩短方案设计的时间，提高方案的全面性和科学性。相比传统的人工设计，ChatGPT 更加高效，它可以根据企业提供的信息和要求，快速生成适合企业实际情况的员工激励方案。ChatGPT 的生成方案不仅科学合理，而且具有针对性，能够更好地满足企业和员工的需求，实现双赢。未来，利用 ChatGPT 生成员工激励方案将会成为企业人力资源管理的新趋势。

7.1.2 使用 ChatGPT 设计员工绩效考核方案

有效的绩效考核方案可以帮助企业更好地评价员工的工作表现，及时发现员工的问题和优点，有针对性地进行激励和管理，从而提高员工的工作积极性和工作效率。ChatGPT 可以帮助企业快速生成合适的员工绩效考核方案。下面通过实例进行讲解。

Tom 是一家金融公司的 HR，负责公司员工绩效考核设计。他通过 ChatGPT 生成员工绩效考核方案，提示语如 7-3 所示。

7-3 生成金融公司员工绩效考核方案的提示语

我需要你作为公司的资深 HR。你熟悉公司的业务、员工的需求，具备数据分析和创造性思维。

请根据以下公司情况，制定一份能够客观、全面、科学地评价员工绩效的考核方案。以下是公司的基本情况。

【公司名称】：GoldFinance

【公司规模】：员工 200 名左右

【公司领域】：金融服务

【公司文化】：以客户为中心，推崇团队合作，重视创新和诚信，提倡学习和共享，致力于成为行业的领导者。

【公司使命】：为客户提供优质的金融服务和投资方案，成为客户信任的首选品牌。

【公司产品】：个人和企业贷款、信用卡、保险、基金等金融服务产品。

【公司竞争优势】：产品质量、客户服务、风险控制、团队合作和员工发展机会。

根据以上我提供的信息，从下面几个维度给出一份详细的员工绩效考核方案，输出格式如下。

【目标制订】：

【评估方法】：

【反馈和指导】：

【奖励和惩罚机制】：

【公正和透明】：

【过程优化】：

ChatGPT 根据上述提示语中的需求，生成的员工绩效考核方案如 7-4 所示。

7-4　ChatGPT 生成的员工绩效考核方案

【目标制定】：

业绩目标：制定具体的销售目标，根据员工的职位和部门进行区分。例如，销售人员的业绩目标可以是完成一定数量的贷款或信用卡申请，而风险控制部门的业绩目标可以是减少不良贷款比例。

行为目标：制定具体的行为标准，例如，团队合作、客户服务、诚信等。不同的职位和部门可以有不同的行为目标。

【评估方法】：

业绩评估：以客户满意度、销售额、市场份额等指标为依据，定期进行评估。同时，要充分考虑到各个部门的特点，不同部门可以采用不同的指标体系。

行为评估：采用 360 度评估的方式，收集来自不同方面的评价和反馈，包括直接上级、同事、下属、客户等。评估结果要经过权威部门审核，确保评估结果的客观性和准确性。

【反馈和指导】：

反馈方式：针对评估结果，及时给予反馈，建立反馈机制，以帮助员工了解自身的表现，发现问题并加以改进。

指导方式：制订个性化的指导计划，针对不同员工的不同问题进行具体的指导，提供相关培训和发展机会。

【奖励和惩罚机制】：

奖励机制：制订具体的奖励标准，例如，业绩突出、行为标准优秀、贡献突出等，奖励可以包括薪资、福利、晋升等多种方式。

惩罚机制：对于表现不佳的员工，要及时给予警告和指导，情节严重者可以考虑采取停职、辞退等措施。

【公正和透明】：

评估标准：评估标准要明确、客观、可量化，做到公平公正。

评估过程：评估过程要透明，员工要知道自己被评估的标准和方法。

评估结果：评估结果要经过专业的审核和确认，确保结果客观准确，同时也要及时向员工公示。

【过程优化】：

定期对考核方案进行评估和修正，不断完善和优化考核方案，提高其科学性和有效性。同时，还要建立员工反馈机制，收集员工的建议和意见，不断优化和改进考核方案。

上面的员工绩效考核方案客观、全面、科学，能够有效评估员工的业绩和行为表现，同时采用公正透明的方式进行反馈和指导，建立了完善的奖惩机制和过程优化机制，从多个维度促进员工的工作表现和个人发展，展现了 GoldFinance 作为一家注重员工发展和客户服务的金融服务公司的人性化和专业化。

7.1.3 使用 ChatGPT 设计员工薪酬体系

合理的薪酬体系可以帮助企业更好地吸引、激励和留住优秀员工，提高员工的工作积极性和工作效率。ChatGPT 可以帮助企业快速生成合适的员工薪酬体系设计方案。下面通过实例进行讲解。

Lucy 是一家科技公司的 HR，负责设计员工薪酬体系。她通过 ChatGPT 生成员工薪酬体系设计方案，提示语如 7-5 所示。

7-5　生成员工薪酬体系的提示语

我需要你作为公司的资深 HR。你熟悉公司的业务、员工的需求，具备数据分析和创造性思维。

请根据以下公司情况，制定一份既能激励员工，又能促进公司整体绩效提升的薪酬体系。以下是公司的基本情况。

【公司名称】：TechStar

【公司规模】：员工 500 名左右

【公司领域】：科技行业

【公司文化】：推崇创新、开放和共享的文化，强调自由和平等的工作氛围，提倡个人发展和团队合作，致力于成为行业的领导者。

【公司使命】：创新科技、服务人类，成为科技领域的领导者。

【公司产品】：软件、硬件、云计算、人工智能等科技产品和解决方案。

【公司竞争优势】：技术实力、产品质量、创新能力、人才储备和团队合作。

请根据以上我提供的信息，从下面几个维度给出一份详细的员工薪酬体系设计方案，输出格式如下。

【薪酬构成】：

【薪酬策略】：

【薪酬差异化】：

【激励机制】：

所有的方案要细化且详细，比如列出薪酬构成比例等。

ChatGPT 根据上述提示语中的需求，生成的员工薪酬体系设计方案如 7-6 所示。

7-6　ChatGPT 生成的员工薪酬体系设计方案

【薪酬构成】：

基本工资：占薪酬总额的 40%

绩效奖金：占薪酬总额的 25%

项目奖金：占薪酬总额的 15%

股票期权：占薪酬总额的 10%

福利待遇：占薪酬总额的 10%

【薪酬策略】：

竞争性薪酬：高于行业内其他优秀企业的薪酬水平，确保吸引和留住优秀人才。

内部公平性：确保公司内部员工在相同岗位、相同职责的情况下，享有相同的薪酬待遇。

外部公平性：根据行业薪酬水平和地区经济水平，调整公司的薪酬体系，保持竞争力。

【薪酬差异化】：

职位差异化：根据员工的职位、职责和工作难度，设定不同的薪酬水平。

绩效差异化：依据员工的个人绩效和团队绩效设定绩效奖金，激励员工提高工作效率和团队协作。

经验差异化：根据员工的工作经验和技能水平，提供不同的基本工资和晋升机会。

项目差异化：根据项目的难度和影响力，设定不同的项目奖金，鼓励员工参与重要项目。

【激励机制】：

股票期权：给予员工股票期权，增强员工的归属感和忠诚度。

定期晋升：设定明确的晋升通道，按照员工的表现和能力提供晋升机会。

培训和发展：提供定期的培训和发展机会，帮助员工提升技能和职业素养，为员工的个人发展提供支持。

员工福利：提供丰厚的福利待遇，如年终奖、带薪年假、医疗保险等，提高员工的满意度和忠诚度。

团队奖励：根据团队的整体绩效设定奖金，鼓励团队成员之间的协作与沟通，提高团队整体的工作效率和创新能力。

员工认可与表彰：设立各种奖项（如优秀员工奖、创新奖等），以表彰在工作中表现出色的员工，激发员工的工作积极性和向心力。

个性化激励：针对员工的不同需求和特点，提供个性化的激励措施（如灵活工作制度、家庭友好政策等），以提高员工的满意度和凝聚力。

透明沟通：保持薪酬体系的透明度，定期与员工沟通薪酬政策及其调整，增强员工的信任感和参与度。

通过上述的薪酬构成、薪酬策略、薪酬差异化和激励机制，TechStar 公司可以激励员工积极投入工作，提高员工的工作效率和团队协作能力，从而促进公司整体绩效的提升，实现公司的使命和愿景。

综上所述，使用 ChatGPT，可以根据公司的规模、行业和文化等因素，制定一份既能激励员工，又能促进公司整体绩效提升的薪酬体系方案，以提高员工的工作积极性和创造性，同时促进公司的业务发展和整体绩效提升。

7.2 ChatGPT 在员工培训、团队建设等领域的应用

在企业和组织中，员工培训、团队建设及团队文化建设等方面的发展对于提高工作效率、增强团队凝聚力和创造更加和谐的工作环境至关重要。随着人工智能技术的日益成熟，ChatGPT 等大型语言模型在这些领域的应用也变得日益广泛。通过利用 ChatGPT 进行员工培训课程设计、团队合作流程设计和团队文化建设，企业和组织可以提升员工技能、优化团队协作和形成共同价值观，从而推动整体发展。

7.2.1 利用 ChatGPT 进行员工培训课程设计

有效的员工培训课程可以帮助企业提高员工的技能水平和专业素养。ChatGPT 可以帮助企业和组织快速生成合适的员工培训课程方案。以下是一个实例。

Tom 是一家电子公司的培训师，负责设计和开展员工培训课程。他通过 ChatGPT 生成员工培训课程方案，提示语如 7-7 所示。

7-7 生成员工培训课程的对话过程

【用户】：

我需要你作为公司的资深 HR。你熟悉公司的业务、员工的需求，具备数据分析和创造性思维。我现在需要你帮我设计一个培训课程，你可以问我任何问题来获取你需要的信息。但是你一次只能问一个问题，并且在我回答了上一个问题之后，才能问下一个问题。明白的话，请回答 ok。

【ChatGPT】：

ok。请问您设计这个培训课程的目标是什么？

【用户】：

帮助销售团队掌握更好的销售技巧，提高销售额和客户满意度。

【ChatGPT】：

谢谢您的回答。接下来，我想问一下您的销售团队的规模是多大？

【用户】：

公司销售团队共计 30 人，新员工和老员工分别占团队的 1/3 和 2/3。新员工

的平均年龄为 25 岁，工作经验不足 1 年，对销售流程和客户沟通技巧的了解有限。老员工的平均年龄为 32 岁，工作经验为 3~5 年，对销售流程和客户沟通技巧已有一定的了解。

【ChatGPT】：

感谢您提供详细的信息。接下来，我想了解一下您认为现有销售团队在哪些方面需要提高或加强。

【用户】：

销售流程、客户沟通技巧、谈判技巧和客户服务。

【ChatGPT】：

明白了，谢谢您的回答。您希望这个培训课程的时间是多长，以及您希望这个课程覆盖哪些主题或内容。

【用户】：

为期 3 天，每天 8 小时，中间休息 1 小时，内容就是上面需要提高和加强的部分。

【ChatGPT】：

好的，了解了。接下来，我需要了解您希望这个培训课程的交付方式是什么。例如，您希望是在线课程还是面对面课程？

【用户】：

面对面。

【ChatGPT】：

明白了，谢谢您的回答。最后，我需要了解您希望这个培训课程的时间和地点是什么？例如，您希望是在工作日还是周末？您希望在公司内部办公室进行还是外部会议中心？

【用户】：

下周一开始，地点在公司一楼大会议室。

【ChatGPT】：

好的，我已经掌握了所有的信息。我会开始设计这个培训课程，并为您提供一个课程大纲和课程材料列表。如果您有任何进一步的需求或更改，请随时告诉我。谢谢。

【用户】：

请直接以表格的形式给我详细的课程表。

ChatGPT 根据以上需求，生成的培训课程表如表 7.1 所示。

表 7.1 ChatGPT 生成的培训课程表

时间	主题	内容
第一天		
8:00—8:30	开幕式	介绍培训师和课程内容
8:30—9:30	销售流程	销售流程概述和步骤
9:30—10:30	客户沟通技巧	建立良好的沟通关系，了解客户需求
10:30—10:45	休息	
10:45—12:00	客户沟通技巧	沟通技巧实战演练
12:00—13:00	午餐	
13:00—14:30	谈判技巧	谈判策略和技巧
14:30—15:30	谈判技巧	谈判实战演练
15:30—15:45	休息	
15:45—17:30	客户服务	客户服务流程和技巧
第二天		
8:00—9:30	销售流程	销售数据分析和销售预测
9:30—10:30	客户沟通技巧	如何处理客户异议和投诉
10:30—10:45	休息	
10:45—12:00	客户沟通技巧	沟通技巧实战演练
12:00—13:00	午餐	
13:00—14:30	谈判技巧	团队协作与协商
14:30—15:30	谈判技巧	谈判实战演练
15:30—15:45	休息	
15:45—17:30	客户服务	如何提高客户满意度和客户忠诚度

续表

时间	主题	内容
第三天		
8:00-9:30	销售流程	销售数据分析和销售预测
9:30-10:30	客户沟通技巧	如何处理客户异议和投诉
10:30-10:45	休息	
10:45-12:00	客户沟通技巧	沟通技巧实战演练
12:00—13:00	午餐	
13:00—14:30	谈判技巧	处理问题和冲突的技巧
14:30—15:30	谈判技巧	谈判实战演练
15:30—15:45	休息	
15:45—17:00	客户服务	客户服务管理和改进
17:00—17:30	结束仪式	总结培训成果和反馈

除了表格，ChatGPT 还设计了课程材料清单，如 7-8 所示。

7-8 ChatGPT 生成的课程材料

销售流程课程材料：
销售流程概述和步骤的 PPT 和手册
销售数据分析和销售预测的 PPT 和手册
销售流程管理和优化的 PPT 和手册

客户沟通技巧课程材料：
建立良好沟通关系的 PPT 和手册
客户需求了解的 PPT 和手册
如何处理客户异议和投诉的 PPT 和手册
沟通技巧实战演练的案例和指导书
如何建立和维护客户关系的 PPT 和手册

谈判技巧课程材料：
谈判策略和技巧的 PPT 和手册
团队协作与协商的 PPT 和手册
处理问题和冲突的技巧的 PPT 和手册
谈判实战演练的案例和指导书

客户服务课程材料：
客户服务流程和技巧的 PPT 和手册
如何提高客户满意度和客户忠诚度的 PPT 和手册
客户服务管理和改进的 PPT 和手册

ChatGPT 通过有针对性地询问和数据分析，精准地把握了培训目标、培训对象、培训时间、培训内容、培训形式等多方面信息，为 HR 部门提供了量身定制的培训课程和课程材料，为公司的业务和员工发展提供了强有力的支持。作为一种新型的技术应用和工具，ChatGPT 的优势和潜力已经得到了充分验证和体现，相信在未来的培训工作中将会得到更广泛和深入的应用。

7.2.2 利用 ChatGPT 设计团队合作流程

推进企业和组织的发展，高效的团队合作也是至关重要的。然而，团队合作的过程中往往需要考虑众多因素，如团队成员、任务分配、沟通方式等。利用 ChatGPT 可以帮助企业和组织快速生成合适的团队合作流程。以下是一个实例。

John 是一家互联网公司的团队经理，负责管理公司的开发团队。他想要利用 ChatGPT 生成一个团队合作流程，以便更好地管理和指导团队的工作。他通过 ChatGPT 生成团队合作流程的提示语如 7-9 所示。

7-9 生成团队合作流程的对话过程

【用户】：
我需要你作为资深 AI 智能团队经理，帮我设计一个高效的团队合作流程，以提高团队的工作效率和工作质量。你可以问我任何问题来获取你需要的信息。但是一次只能问一个问题，并且在我回答了上一个问题之后，才能问下一个问题。明白的话，请回答 ok。

【ChatGPT】：

ok。你的团队目前的主要工作内容是什么?

【用户】：

开发 AI 算法。

【ChatGPT】：

明白了。那么你的团队成员人数是多少？他们都有哪些专业技能和背景?

【用户】：

我们的开发团队有 20 个成员，分为产品经理、UI 设计师、前端工程师、后端工程师和测试工程师等职能角色。每个成员的角色和职责如下。

产品经理：负责产品需求分析、设计和产品规划

UI 设计师：负责产品的视觉和交互设计

前端工程师：负责前端页面的开发和实现

后端工程师：负责后端系统的开发和实现

测试工程师：负责测试和质量保障。

【ChatGPT】：

好的。那么你们目前的工作流程是怎样的？从产品规划到最终产品交付的流程是什么样的?

【用户】：

我们的团队成员通过项目管理工具进行协作，如 Jira 和 Slack 等。但是，我们目前存在一些问题，例如，沟通不畅、任务分配不明确、进度掌控不足等。

【ChatGPT】：

请问在开发过程中，你们的任务分配和进度掌控具体是怎么操作的？是否有明确的流程?

【用户】：

并没有规范的流程，主要靠人通过笔记本记录。

【ChatGPT】：

明白了，那么根据您的情况，我建议您可以考虑以下的团队合作流程来提高工作效率和质量。

1. 明确团队目标和项目需求：首先，需要明确团队整体目标和项目需求，这对团队合作是非常重要的。明确团队目标和项目需求有助于团队成员更好地了解和把握工作重点。

2. 任务分配和责任划分：根据团队目标和项目需求，明确每个成员的角色和职责，并对任务进行合理的分配和优先级排序，确保每个人都知道自己要做什么。

3. 制订项目计划和时间表：根据项目需求和任务分配，制订项目计划和时间表，并定期检查和更新项目进度，确保项目按时交付。

4. 协作沟通和信息共享：利用协作工具，如 Slack 等，在团队成员之间进行及时、高效的沟通，并对项目进展和问题进行及时的信息共享，确保团队成员之间信息流通畅通，减少误解和不必要的麻烦。

5. 定期回顾和总结：定期回顾和总结项目的进展和成果，找出不足之处并加以改进，进一步提高工作效率和质量。

希望以上建议能对您有所帮助。

【用户】：

非常好的建议，请给我一个详细的团队合作流程表。同时还需要按照 Markdown 的格式，直接以代码块的格式输出树状图。

ChatGPT 根据以上需求，生成的团队合作流程表如表 7.2 所示。

表 7.2　ChatGPT 生成的团队合作流程表

成员	职责	参与项目阶段	具体任务
A	产品经理	项目规划、需求分析、设计	负责项目的产品规划、需求分析、设计等
B	UI 设计师	设计、开发、测试	负责产品的视觉和交互设计
C	前端工程师	开发、测试	负责前端页面的开发和实现
D	后端工程师	开发、测试	负责后端系统的开发和实现
E	测试工程师	测试、质量保障	负责测试和质量保障

ChatGPT 生成的 Markdown 代码如 7-10 所示。

7-10　ChatGPT 生成的 Markdown 代码

```
# 团队合作流程

## 需求分析阶段
1. 产品经理确定产品需求并进行文档化记录
2. 产品经理与 UI 设计师讨论需求细节并进行 UI 设计
```

```
3. 产品经理与前端工程师和后端工程师讨论技术可行性和确定开发方案
4. 产品经理将需求和 UI 设计文档分配给开发团队

## 开发阶段
1. 开发团队将需求和 UI 设计文档转换为任务列表，并分配给每个成员
2. 每个成员根据任务列表完成自己的任务
3. 前端工程师和后端工程师进行代码集成并进行系统联调
4. 测试工程师进行测试并反馈测试结果

## 上线阶段
1. 开发团队进行代码审核，并将代码合并到主分支
2. 开发团队进行功能测试并反馈测试结果
3. 产品经理进行验收并进行产品发布

## 运维阶段
1. 运维团队对产品进行监控并解决问题
2. 开发团队根据用户反馈修复 bug 并更新版本

## 其他事项
1. 开发团队每周汇报项目进度和问题
2. 开发团队成员每天通过 Slack 等工具进行沟通和交流
3. 开发团队通过 Jira 等工具分配任务和掌控进度
```

将以上代码解析为流程图，如图 7.1 所示。

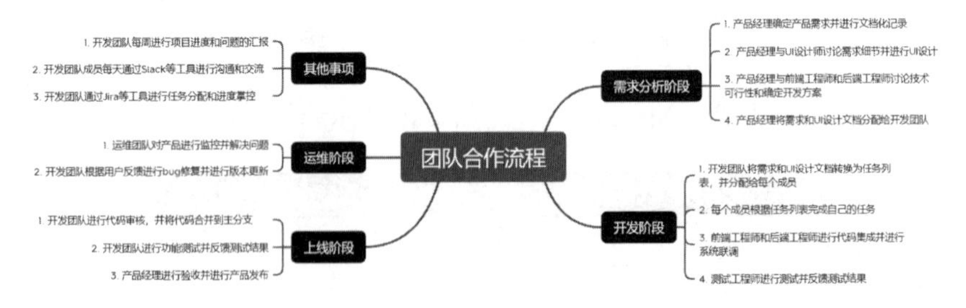

图 7.1　ChatGPT 生成的流程图

以上生成的流程图和表格非常清晰和详尽，完整地反映了一个开发

团队从项目开始到结束的整个流程和每个成员的职责和任务。这些工具和流程的使用将有助于提高团队协作效率和项目质量，让整个开发过程更加高效和顺畅。

ChatGPT 可以在短时间内帮助团队经理了解团队成员的角色和职责，并通过提问和分析，快速制定出适合团队的合作流程和方案。

7.3 ChatGPT 在组织变革、战略规划等领域的应用

在当今快速变化的商业环境中，组织必须不断地适应和变革才能保持竞争力。同时，制定明确的战略规划也是组织发展的关键。在这些领域，人工智能技术的应用变得越来越普遍。ChatGPT 等大型语言模型的出现为组织变革方案设计和战略规划指导提供了新的可能性。本节将重点探讨 ChatGPT 在组织变革和战略规划等领域的应用。

7.3.1 利用 ChatGPT 进行组织变革方案设计

在企业运营过程中，组织变革是非常常见的事情，它可以帮助企业适应市场变化、提高效率、优化资源配置等。有效的组织变革方案可以帮助企业实现战略目标，提高绩效表现。ChatGPT 可以帮助企业快速生成合适的组织变革方案。以下是一个实例。

Tom 是一家快消品公司的高管，公司最近要进行一次组织变革，他需要使用 ChatGPT 生成一个适合自己公司的组织变革方案。根据公司的情况，提示语如 7-11 所示。

7-11　设计组织变革方案的提示语

现在你是公司的管理人员，具备战略规划能力、组织设计能力、变革管理能力、沟通和协调能力、数据分析能力及创新思维能力，要设计组织变革方案。你需要综合考虑公司的长期发展目标、组织结构、业务流程、文化等因素，并与公司战略相一致。现在公司要组织变革，你需要引导和激励团队成员参与变革，同时还要解决

变革过程中的问题和挑战。最终，通过收集、分析各种数据，提供有力的支持和指导，应用创新思维，实现组织变革的目标。

以下是公司的详细信息。

【公司名称】：FastGo

【公司规模】：员工 1000 名左右

【公司领域】：快消品行业

【公司文化】：注重创新和协作，提倡平等和开放的工作氛围，致力于成为行业的领导者。

【公司使命】：为人们提供高品质的生活用品，成为行业的领导者。

【公司产品】：日用品、个人护理用品、家居用品等快消品。

【公司竞争优势】：品牌知名度、渠道优势、营销能力、供应链管理。

在公司成立初期，FastGo 公司采用了传统的垂直式组织架构，各部门之间相互独立。由于缺乏协作和沟通，公司内部存在许多问题，例如，决策效率低下、信息孤岛、组织资源浪费等。

现在需要你变革已有的架构，主要从下面几个维度展开：

【组织架构】

【项目管理】

【平台建设】

【决策机制】

如有需要，你也可以增加其他的维度。请直接给我一份详细的变革方案，变革的实施周期是 3 个月。

同时我需要详细的实施步骤，以周为时间单位，请以 Markdown 的格式直接输出。

ChatGPT 根据上述提示语中的需求，生成的 FastCo 的组织变革方案如 7-12 所示。

7-12　ChatGPT 生成的组织变革方案

【组织架构】

针对 FastGo 公司现有的组织架构问题，我们将采用扁平化管理结构，以及跨职能团队的方式来优化公司的组织架构。具体包括以下内容。

设立战略规划部门，由公司管理层直接管理，负责公司战略规划和执行，包括长期发展规划、业务战略、市场推广、人才管理等。

设置业务部门，包括销售部、生产部、研发部等。各部门之间互相协作，共同完成公司的业务目标。

设立跨职能团队，由不同部门的员工组成，负责解决各种横向问题，如信息共享、流程优化、项目管理等。

【项目管理】

在项目管理方面，我们将采用敏捷项目管理方法，建立项目管理平台，以提高公司的项目管理效率。具体包括以下内容。

建立敏捷开发流程，包括项目计划、需求分析、设计开发、测试交付等阶段，以及每个阶段的验收和评估。

采用敏捷项目管理工具，如 JIRA、Trello 等，实现项目管理和协作。同时，建立项目管理平台，集中管理公司的项目和任务。

通过培训和知识分享，提高员工对敏捷开发和项目管理的理解和应用水平。

【平台建设】

在平台建设方面，我们将建立统一的信息平台及数字化的业务流程，以提高公司的效率和协作能力。具体包括以下内容。

建立信息共享平台，包括内部知识库、文档管理、消息系统等，实现信息共享和协作。

数字化业务流程，通过企业应用软件 ERP、CRM 等，实现业务流程的数字化管理，优化业务流程，提高工作效率和准确性。

推广移动办公，提高员工的工作灵活性和协作能力，使员工可以随时随地进行工作和协作。

【决策机制】

在决策机制方面，我们将建立有效的决策机制，以便更快地做出决策，并使决策更加科学和有效。具体包括以下内容。

建立战略规划部门，由公司管理层直接管理，负责公司战略规划和执行，包括长期发展规划、业务战略、市场推广、人才管理等。

建立跨职能团队，由不同部门的员工组成，负责解决各种横向问题，如信息共享、流程优化、项目管理等。

采用数据驱动决策，通过数据分析和数据可视化，快速了解公司的运营情况和问题，并依据数据和分析结果做出决策。

ChatGPT 生成的组织变革 Markdown 代码如 7-13 所示。

7-13 ChatGPT 生成的组织变革方案 Markdown

```
## 变革实施

变革实施的周期是 3 个月，具体步骤如下。

### 第一周

1. 确定变革目标和规划，成立变革管理团队。
2. 对公司现有组织架构、项目管理、平台建设和决策机制进行全面调研和分析。

### 第二周

1. 建立战略规划部门，明确管理职责和工作计划。
2. 建立跨职能团队，制订团队组成和工作计划。
3. 建立敏捷开发流程和项目管理平台，制订培训计划。

### 第三周

1. 建立信息共享平台和数字化的业务流程，制订推广计划。
2. 推广移动办公，制订移动办公使用规范和培训计划。
3. 制订数据分析和数据可视化方案，实施数据收集和分析。

### 第四周至第十二周

1. 实施各项变革措施，并定期进行跟踪和评估。
2. 通过培训和知识分享，提高员工对敏捷开发和项目管理的理解和应用水平。
3. 根据数据分析结果，优化和调整变革措施，使其更加适应公司的实际情况和需求。
```

将以上代码解析为流程图，如图 7.2 所示。

以上生成的变革计划书和步骤图，结合多个维度提出了扁平化管理结构、敏捷项目管理、信息化建设和科学决策等一系列变革措施，步骤清晰，实施细节到位，为FastGo公司的组织变革提供了有力的支持和指导，有助于公司快速解决现有问题，提高效率和协作能力，实现公司长期发展目标。

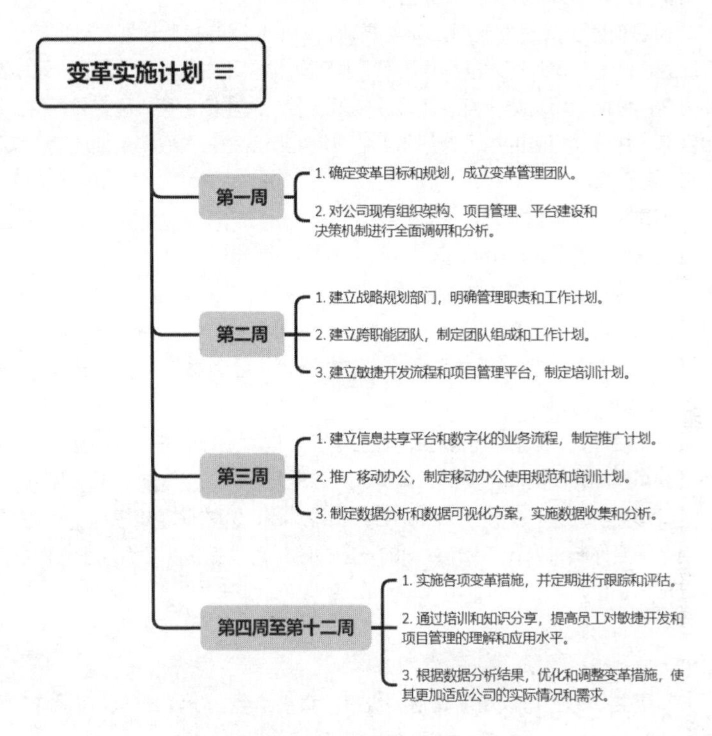

图 7.2　ChatGPT 生成的变革步骤图

7.3.2　使用 ChatGPT 进行战略规划指导

在企业发展过程中，制定有效的战略规划是非常重要的一环。ChatGPT 可以帮助企业制定适合自己的战略规划，为企业长期发展奠定基础。下面通过实例进行讲解。

Lucy 是一家互联网企业的高管，公司最近需要重新制定战略规划，她使用 ChatGPT 生成一个适合自己公司的战略规划方案。根据公司的情况，提示语如 7-14 所示。

7-14 设计战略规划提示语

你是公司的 CEO，具备战略规划能力、组织设计能力、变革管理能力、沟通和协调能力、数据分析能力及创新思维能力。

公司目前处于快速发展期，你需要制定一个长期的战略规划，以保持公司的竞争优势，并为公司长期发展提供支持。同时，你需要充分考虑公司内部和外部的各种因素，包括市场趋势、竞争环境、技术发展、人才储备等，确定公司的战略方向和目标，并建立相应的执行计划和评估机制，以帮助公司取得长期成功，实现公司的愿景和使命。

以下是公司的详细信息。

【公司名称】：InnoTech

【公司规模】：员工 500 名左右

【公司领域】：互联网技术

【公司文化】：提倡开放和自由的工作环境，注重员工个人发展，致力于打造技术创新型公司。

【公司使命】：以技术创新推动社会进步，成为全球领先的科技企业。

【公司产品】：面向企业的云计算、大数据分析、人工智能等技术解决方案。

【公司竞争优势】：技术领先、客户资源广泛、人才储备雄厚。

现在需要你制订 InnoTech 公司的长期战略规划，主要从下面几个方面展开：

【市场定位】

【产品创新】

【人才战略】

如有需要，你也可以增加其他的维度。直接给我一份详细的、可操作的战略规划。可参考 Google、微软、阿里、百度等大型互联网公司。

在战略规划的最后，我需要 3 年内详细的实施步骤，请以年为时间单位，以 Markdown 的格式直接输出。

ChatGPT 根据上述提示语中的需求，生成的 InnoTech 的战略规划如 7-15 所示。

7-15 ChatGPT 生成的战略规划

InnoTech 公司长期战略规划

【市场定位】

InnoTech 公司的市场定位为面向企业的云计算、大数据分析、人工智能等技术解决方案提供商。我们将专注于以下几个方面来实现市场定位。

1. 拓展现有客户群体

我们将继续提供高质量的产品和服务，并加强与现有客户的关系维护，为客户提供全方位的解决方案和优质的客户服务。我们还将与现有客户合作，共同探索新的业务领域和商业模式，扩大我们在客户中的影响力和市场份额。

2. 拓展新客户群体

我们将积极寻找新的客户群体，包括中小企业、政府机构、教育机构等，并针对不同的客户群体提供量身定制的解决方案。我们将通过参加行业展览、推广活动、社交媒体等渠道扩大我们的品牌影响力，提高客户认知度。

3. 拓展海外市场

我们将抓住中国数字经济快速发展的机遇，积极拓展海外市场，特别是亚洲、欧洲和北美市场。我们将利用我们的技术优势和品牌影响力，通过建立合作伙伴关系、参与国际会展等方式开拓海外市场。

【产品创新】

我们将持续进行产品创新，以满足客户不断变化的需求，提升我们的产品差异化优势和市场竞争力。我们的产品创新战略包括以下几个方面。

1. 推出新产品

我们将加大研发投入，开发出更多具有创新性和差异化的产品，包括但不限于以下几个方面：

面向不同行业的定制化产品

以 AI 为核心的新产品

以大数据分析为核心的新产品

以区块链为核心的新产品

2. 提升产品性能和用户体验

我们将不断优化现有产品的性能和用户体验，提高产品的稳定性和可靠性，降低客户使用成本。我们将利用数据分析和用户反馈来持续改进产品质量和用户体验。

3. 探索新的商业模式

我们将探索新的商业模式，包括但不限于以下几个方面：

以 SaaS 为核心的产品和服务模式

以付费 API 为核心的产品和服务模式

以平台化为核心的产品和服务模式

【人才战略】

人才是企业的核心资源，对于 InnoTech 公司而言，人才战略尤为重要。我们将聚焦以下几个方面。

1. 吸引和留住优秀人才

我们将通过提供具有竞争力的薪酬和福利待遇、良好的职业发展机会和创新的工作环境等方式吸引和留住优秀人才。我们还将加强内部培训和学习机会，帮助员工提升专业技能和职业素养。

2. 发掘和培养新人才

我们将发掘和培养新人才，特别是对于技术领域的新人才，我们将通过与知名院校和科研机构合作，建立实习、培训和创新项目，为年轻人提供成长和锻炼的机会。

3. 建立开放和自由的企业文化

我们将建立开放和自由的企业文化，鼓励员工创新和探索，营造开放和自由的工作环境，打破传统的部门和岗位壁垒，鼓励员工跨部门协作和交流，激发员工的创新思维和团队合作精神。

ChatGPT 生成的战略规划的 Markdown 代码如 7-16 所示。

7-16　ChatGPT 生成的战略规划的 Markdown 代码

```
## 实施步骤

### 市场定位

#### 第一年

- 目标：完成 10 个现有客户的业务升级，增加 20% 业务收入
- 行动计划：
 - 设立客户关系维护团队，建立定期交流机制
 - 与客户协同开发新产品和服务，提供差异化解决方案
 - 开展客户满意度调查，收集客户反馈

#### 第二年

- 目标：拓展 20 个新客户，实现年度销售额增长 30%
- 行动计划：
 - 设立销售团队，积极参与行业展览和推广活动
 - 制订市场推广计划，扩大品牌影响力
 - 针对不同客户群体推出定制化解决方案，提高客户转化率
```

第三年

- 目标：实现海外市场销售额占比达到 20%
- 行动计划：
  - 开拓欧洲和北美市场，建立合作伙伴关系
  - 参加国际会展，提高品牌知名度
  - 推出针对海外市场的产品和服务，满足当地客户需求

产品创新

第一年

- 目标：推出 2 个新产品，实现新产品销售额占比达到 10%
- 行动计划：
- 设立产品研发团队，加大研发投入
- 定期开展市场调研和用户反馈收集，了解市场需求
- 推出针对不同行业的定制化产品，提高市场差异化优势

第二年

- 目标：提升产品性能和用户体验，客户投诉率降低 20%
- 行动计划：
- 设立产品质量团队，建立全面的产品质量管理体系
- 改进产品开发流程，提高产品稳定性和可靠性
- 加强用户培训和支持，提高用户满意度

第三年

- 目标：推出 3 个新商业模式，实现新模式销售额占比达到 15%
- 行动计划：
- 设立商业模式创新团队，探索新的商业模式
- 加强与合作伙伴的合作，共同探索新的商业模式
- 推出以 SaaS、API、平台化为核心的新产品和服务模式，提高产品和服务的

```
市场竞争力
    - 建立完善的商业模式评估和调整机制，及时调整和优化商业模式

### 人才战略

#### 第一年

- 目标：建立完善的薪酬和福利体系，提高员工满意度
- 行动计划：
  - 对员工薪酬和福利进行全面评估和调整
  - 设立员工关怀团队，提供员工心理咨询和健康管理服务
  - 加强员工反馈收集，及时回应员工

#### 第二年

- 目标：发掘和培养新人才，实现员工年平均晋升率达到 20%
- 行动计划：
  - 设立新人才培养计划，针对技术领域新人才提供实习和培训机会
  - 加强与知名院校和科研机构的合作，吸引高素质人才加入公司
  - 加强员工培训和学习机会，提高员工专业技能和职业素养

#### 第三年

- 目标：打造开放和自由的企业文化，提高员工创新能力和团队合作精神
- 行动计划：
  - 建立开放和自由的工作环境，鼓励员工跨部门协作和交流
  - 建立创新项目和实验室，提供员工自主探索和创新的空间
  - 加强员工参与公司决策的机会，提高员工归属感和参与度
```

对于以上代码也可以将其解析为思维导图，读者可以自行尝试。

以上生成的战略规划和详细步骤，从市场定位、产品创新和人才战略 3 个维度出发，分别提出了有针对性的目标和行动计划。在实施步骤中采用了明确的年度目标，有助于公司管理者和员工清晰地了解战略的执行进展和结果。整个战略规划考虑全面，细致入微，为 InnoTech 未来

的发展提供了坚实的基础。

综上所述，使用 ChatGPT 进行战略规划指导可以为企业提供高质量、全面、有针对性的战略规划建议。通过 ChatGPT 的指导，企业可以节约人力资源，提高工作效率，在快速变化的市场环境中保持竞争优势，实现长期可持续发展。

7.4 小结

本章介绍了 ChatGPT 在员工激励方案、绩效考核、薪酬体系、员工培训、团队建设、组织变革和战略规划等领域的应用，为职场人士提供了全新的思路和解决方案。

通过本章的学习，职场人士可以了解 ChatGPT 在各领域的应用，并尝试将其应用于实际工作中。利用 ChatGPT 的技术手段，职场人士可以更好地应对职场挑战，提高领导力和管理能力，为自己的职业生涯和企业的发展做出贡献。

第 8 章

利用 ChatGPT 提升学习能力和促进自我成长

在竞争激烈的职场中，不断学习和自我成长是保持竞争力的必备条件。在本章中，我们将探讨如何利用 ChatGPT 提升个人学习能力和促进自我成长。涉及以下知识点：

- 利用 ChatGPT 进行快速知识检索和答疑解惑；
- 使用 ChatGPT 学习语言；
- 使用 ChatGPT 翻译和总结科技论文；
- 利用 ChatGPT 进行思维导图生成和知识结构化；
- 使用 ChatGPT 进行时间管理和计划制订。

通过本章的学习，读者将能够更好地利用 ChatGPT 这一工具，提高自己的学习效率和成长速度，从而在职场中获得更多的竞争优势。

8.1 ChatGPT 在知识获取、学习提高等领域的应用

在本节中，我们将探讨 ChatGPT 在知识获取和学习提高等领域的应用，具体包括利用 ChatGPT 进行知识问答、语言学习，以及科技论文的阅读和翻译等方面。

8.1.1 利用 ChatGPT 进行快速知识检索和答疑解惑

ChatGPT 可以在短时间内帮助用户查找相关领域的知识和答案，以解答用户的疑惑。下面通过实例进行讲解。

Alice 是一家传统行业的图像算法工程师。现在公司技术架构进行调整，开始全面使用深度学习。为了快速上手新的技术路线，Alice 通过

ChatGPT 来进行快速答疑，提示语如 8-1 所示。

8-1 深度学习快速答疑提示语

你是深度学习算法专家，掌握深度学习算法的基本理论知识，如神经网络结构、优化算法、损失函数等；具备丰富的实践经验，包括数据处理、模型设计、调参、模型评估等；同时你具备创新思维能力，能够针对实际问题提出有效的解决方案；并且你了解人工智能的最新动态。

最近我在学习深度学习，遇到了以下问题，希望你能帮我解答一下。

1. 如何有效地解决深度神经网络的梯度消失和梯度爆炸问题，以及如何更好地优化深度神经网络中的参数？

2. 如何提高深度神经网络的泛化能力，减少过拟合现象的发生，以及如何在小样本学习任务中提高深度神经网络的表现？

3. 如何设计更加灵活和高效的深度神经网络结构，以适应不同的应用场景，并实现对于输入数据的高效处理和分析？

4. 如何在深度神经网络中加入先验知识，以增强其可解释性，同时提高深度学习在实际场景中的应用价值？

5. 如何在深度学习模型中实现联邦学习和隐私保护，以便在数据分散且数据安全性需要保护的场景中进行模型训练和预测？

请用通俗易懂、简洁的语言回答。

回答完我的问题后，请用 Markdown 的格式，给我一个关于如何学习 Deep Learning 技术的思维导图。

ChatGPT 根据上述提示语中的需求快速回答了 Alice 的问题，如 8-2 所示。

8-2 ChatGPT 快速答疑

解决梯度消失和梯度爆炸问题的方法：使用更好的激活函数，使用归一化方法（如批量归一化），使用残差连接，使用稀疏连接，使用更好的权重初始化方法等；优化深度神经网络的参数可以使用随机梯度下降（SGD）等优化算法，并结合动量、自适应学习率等技巧。

提高深度神经网络泛化能力和减少过拟合现象可以使用正则化方法（如 L1、L2 正则化，dropout 等）、数据增强、早停等；在小样本学习任务中可以使用迁移学习、元学习等方法来提高深度神经网络的表现。

设计灵活高效的深度神经网络结构可以考虑使用卷积神经网络（CNN）、循环神经网络（RNN）、注意力机制等，同时也可以使用自动化神经网络设计算法（如AutoML 等工具）来实现自动化设计。

在深度神经网络中加入先验知识可以使用先验权重、先验网络结构、约束条件等方法，同时也可以使用可视化工具来对模型进行可解释性分析。

实现联邦学习和隐私保护可以使用加密技术、差分隐私技术等方法，同时也可以使用联邦学习框架（如 Federated Learning 等工具）。

同时，ChatGPT 给出了如何学习 Deep Learning 技术的技术导图的 Markdown 代码，如 8-3 所示。

8-3 ChatGPT 生成的关于 Deep Learning 的 Markdown 代码

```
# 如何学习 Deep Learning 技术的思维导图：

## 学习深度学习的基础知识

- 数学基础：线性代数、概率论与数理统计、微积分
- 编程基础：Python 编程、深度学习框架 TensorFlow、PyTorch 的使用
- 深度学习基础：神经网络结构、优化算法、损失函数、反向传播算法

## 深度学习的进阶知识

- 卷积神经网络：CNN 的原理和应用
- 循环神经网络：RNN 的原理和应用
- 深度强化学习：DRL 的原理和应用
- 生成式深度学习：GAN 的原理和应用

## 深度学习的应用领域

- 计算机视觉：图像分类、目标检测、图像分割、图像生成等
- 自然语言处理：文本分类、机器翻译、语音识别、聊天机器人等
- 推荐系统：基于内容的推荐、基于协同过滤的推荐、混合推荐等
```

将以上代码转换为技术路线图，如图 8.1 所示。

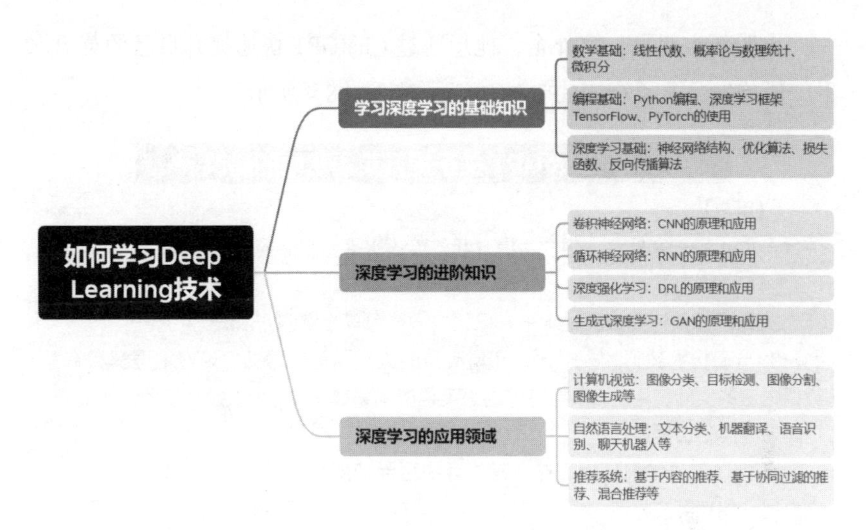

图 8.1　学习 Deep Learning 技术的思维导图

以上例子中，ChatGPT 为 Alice 提供了简洁明了的解答和学习技术导图，帮助她更快地适应新技术路线，并顺利完成公司的技术架构调整。这也展示了使用 ChatGPT 进行快速知识检索和答疑解惑的高效性和便捷性。

综上所述，利用 ChatGPT 进行快速知识检索和答疑解惑的好处在于可以快速找到问题的答案和解决方案，避免了在海量信息中寻找答案的时间浪费，提高了学习效率和工作效率。同时，ChatGPT 的回答简洁明了，通俗易懂，可以帮助用户更好地理解复杂的概念和知识。通过 ChatGPT 的帮助，用户可以快速掌握相关领域的知识和技能，并在实践中应用，提高自己的竞争力。

8.1.2 使用 ChatGPT 学习语言

利用 ChatGPT 学习语言也是一种高效的方式。ChatGPT 可以帮助用户快速学习语言知识，如语法、词汇、表达方式等，并可以提供正确的语言表达方式和语境。下面通过实例进行讲解。

小明新入职了一家外企，他想通过 ChatGPT 快速提升自己的英语水平。他首先寻求了 ChatGPT 的建议，对话如 8-4 所示。

8-4 ChatGPT 关于提升英语水平的建议

【用户】：

我刚入职一家外企，想快速提升我的英语水平，我需要做些什么？

【ChatGPT】：

如果您想快速提升英语水平，以下是一些可以尝试的方法。

1. 与母语为英语的人交流：和讲英语的人交流可以帮助您更好地理解和掌握英语语言的实际应用。如果您有母语为英语的同事或朋友，可以尝试和他们多交流，提高您的英语口语能力。

2. 创造英语学习环境：在日常生活中尽量使用英语，比如看英文电影、听英文广播、阅读英文材料、写英文邮件等。这样可以帮助您更快地适应英语环境，提高您的英语综合能力。

3. 参加英语培训课程：参加专业的英语培训课程可以帮助您系统地学习英语语言和文化，提高英语听、说、读、写能力。您可以选择线上或线下的英语培训机构，根据自己的需求和时间安排合适的学习计划。

4. 利用语言学习工具：现在有许多语言学习工具可以帮助您提高英语水平，比如语言学习 App、在线翻译工具、语法检查工具等。您可以根据自己的需求和喜好选择合适的工具，辅助自己进行英语学习。

5. 注重语言交际能力：英语不仅是一种语言，而且是一种交际工具。注重语言交际能力的培养可以帮助您更好地理解和运用英语，提高沟通能力和表达能力。

以上是一些快速提升英语水平的方法，希望可以对您有所帮助。同时，学习语言需要持之以恒，希望您可以保持学习的热情和动力，不断提高自己的英语水平。

值得一提的是，作为一款强大的人工智能算法，ChatGPT 具备丰富的语料库资源，因此用户可以通过使用一些插件来自定义专属外教。

以 Edge 浏览器为例，在浏览器中搜索 Voice Control for ChatGPT 插件，单击进入后安装插件，如图 8.2 所示。

图 8.2　Voice Control for ChatGPT 插件

安装完成后，进入 ChatGPT 界面，选择语种类型，然后单击话筒按钮，并直接说出你的需求，如图 8.3 所示。

图 8.3　说出练习英语的需求

在 ChatGPT 回复后，我们可以模拟一个特定的场景来进行练习，如图 8.4 所示。

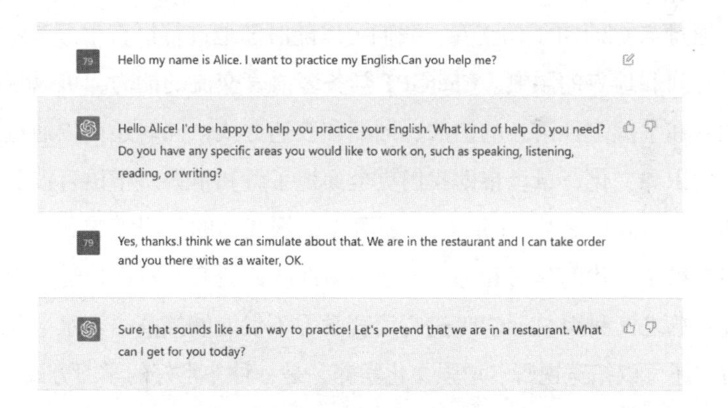

图 8.4　模拟特定的口语场景

在练习的过程中，我们可以控制 ChatGPT 的语速，如图 8.5 所示。

除了英语，该插件还支持各种语种，如图 8.6 所示。

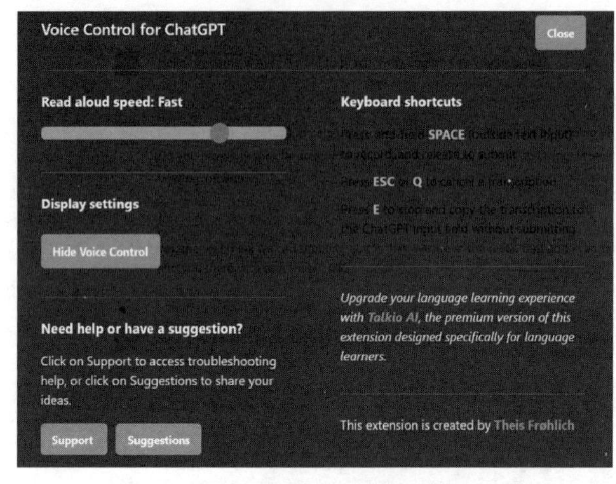

图 8.5　控制 ChatGPT 的语速

图 8.6　ChatGPT 支持多语种口语

使用 ChatGPT 插件，我们可以获得一个能够用多种语言与我们交流的智能对话机器人，它类似于一个外语老师，可以帮助我们解决不同语言和文化背景下的交流难题。

通过与 ChatGPT 的交互，我们可以随时随地进行语言学习和练习，不受时间和地点的限制。ChatGPT 具备多语言交流的能力，可以帮助我们学习和掌握多种语言的语法、词汇和表达方式，同时还可以通过提供相关知识和文化背景，帮助我们更全面地了解和掌握所学语言涉及的领域和文化。除此之外，ChatGPT 还可以根据我们的学习需求和水平，为我们提供个性化的学习和练习方案，帮助我们更有针对性地进行学习和提升。总之，利用 ChatGPT 进行语言学习不仅能够提高语言水平和交流能力，还可以拓宽视野、增强文化素养，是一种非常好的学习方式。

8.1.3　使用 ChatGPT 翻译和总结科技论文

ChatGPT 可以帮助用户翻译专业术语和理解论文中的复杂句子，以及快速查找相关领域的知识和背景信息。使用 ChatGPT 翻译和总结科技论文，可以节省翻译时间和提高阅读效率。下面通过实例进行讲解。

Bob 是一名研究人员，他需要阅读一篇关于人工智能的最新研究论文，并进行翻译。由于他的时间很紧，无法花费大量时间来阅读和翻译论文，他选择使用 ChatGPT 进行翻译和总结。他输入了论文的标题、摘要和部分章节，ChatGPT 根据这些信息进行智能分析并给出相应的论文概述和翻译。提示语如 8-5 所示。

8-5　提取文章重点提示语

你现在是人工智能在医学影像中的专家，熟悉人工智能算法，以及 AI 在医学影像中的最新应用。

现在我拿到一篇文章，从中摘出了部分内容，如下。

Title: Artificial Intelligence in Medical Imaging: Opportunities, Applications, and Challenges

Abstract: Medical imaging plays a critical role in the diagnosis and treatment of various diseases. However, the interpretation of medical images is often time-consuming and subject to inter-observer variability, which can lead to misdiagnosis and treatment delays. Artificial intelligence (AI) has the potential to revolutionize medical imaging by providing accurate and efficient image analysis, which can improve diagnostic accuracy and patient outcomes. In this paper, we review the opportunities and challenges of AI in medical imaging and provide an overview of the applications of AI in various imaging modalities, including X-ray, computed tomography (CT), magnetic resonance imaging (MRI), and ultrasound. We discuss the different types of AI algorithms used in medical imaging, including supervised, unsupervised, and reinforcement learning, and provide examples of how these algorithms have been used in clinical practice. We also highlight the challenges that need to be addressed to enable widespread adoption of AI in medical imaging, including data privacy, regulatory approval, and ethical considerations.

introduction:

Medical imaging is an essential tool in the diagnosis and treatment of various diseases, such as cancer, heart disease, and neurological disorders. However, medical image interpretation is often time-consuming and subject to inter-observer variability, which can lead to misdiagnosis and treatment delays. In recent years, artificial intelligence (AI) has emerged as a promising technology to improve medical image analysis by providing accurate and efficient image interpretation. AI has the potential to revolutionize medical imaging and improve patient outcomes by enabling earlier and more accurate diagnoses.

Opportunities of AI in Medical Imaging:

AI offers several opportunities to improve medical imaging. Firstly, AI algorithms can analyze medical images more accurately and efficiently than humans, which can reduce the risk of misdiagnosis and improve patient outcomes. Secondly, AI can help radiologists and other healthcare professionals interpret medical images more quickly, which can lead to faster diagnoses and treatments. Thirdly, AI can enable earlier detection of diseases, which can increase the likelihood of successful treatment and improve patient outcomes.

Applications of AI in Medical Imaging:

AI has been Applied to various imaging modalities, including X-ray, CT, MRI, and ultrasound. For example, in X-ray imaging, AI algorithms have been used to detect lung nodules and diagnose pneumonia. In CT imaging, AI has been used to diagnose stroke and predict patient outcomes. In MRI imaging, AI has been used to detect brain tumors and diagnose breast cancer. In ultrasound imaging, AI has been used to detect fetal anomalies and diagnose liver disease. These are just a few examples of the many ways that AI can be used to improve medical imaging.

Types of AI Algorithms Used in Medical Imaging:

AI algorithms used in medical imaging can be broadly classified into three categories: supervised learning, unsupervised learning, and reinforcement learning. Supervised learning involves training an algorithm using labeled data, while unsupervised learning involves training an algorithm using unlabeled data. Reinforcement learning involves training an algorithm to make decisions based on feedback from its environment. Each type of algorithm has its strengths and weaknesses, and the choice of algorithm depends on the specific application.

Challenges of AI in Medical Imaging:

Despite the many opportunities offered by AI in medical imaging, there are also several challenges that need to be addressed to enable widespread adoption. Firstly, data privacy is a major concern, as medical images contain sensitive patient information. Secondly, regulatory Approval is required for the use of AI in medical practice, which can be a lengthy and costly process. Thirdly, ethical considerations must be taken into account, such as the potential for AI to exacerbate existing health disparities.

Conclusion:

AI has the potential to revolutionize medical imaging by providing more accurate and efficient image analysis, which can improve diagnostic accuracy and patient outcomes. However, there are also challenges that need to be addressed to enable widespread adoption of AI in medical imaging, including data privacy, regulatory approval, and ethical considerations. The successful integration of AI into medical imaging has the potential to improve healthcare outcomes and enhance patient care, and it is important that these challenges are addressed to realize the full potential of this technology.

Future research in AI and medical imaging should focus on developing new algorithms that can overcome the limitations of current techniques, such as the ability to detect and diagnose rare diseases. In addition, research should focus on developing methods to improve the interpretability and transparency of AI algorithms, which will be critical for ensuring the trust and acceptance of these technologies by healthcare professionals and patients. Finally, efforts should be made to address the challenges of data privacy and regulatory approval to enable widespread adoption of AI in medical imaging.

Overall, AI has the potential to revolutionize medical imaging and improve patient outcomes. While there are challenges that need to be addressed, the opportunities offered by this technology are immense. As such, it is important that we continue to invest in research and development in this field to realize the full potential of AI in healthcare.

请用中文回答我下面的问题。

【这篇文章主要描述了】：

【这篇文章的新意在哪儿】：

【可以从哪些方面进行拓展】：

ChatGPT 根据上述提示语中的需求总结出文章内容和创新点，如 8-6 所示。

8-6 ChatGPT 总结的内容和创新点

这篇文章主要描述了人工智能在医学影像领域中的机会、应用和挑战。文章指出医学影像在诊断和治疗各种疾病中起着至关重要的作用，但医学影像的解释往往耗时且不同观察者之间具有差异，这可能导致误诊和治疗延误。然而，人工智能具有提供准确和高效的图像分析的潜力，可以提高诊断准确性，从而在医学影像领域引起了人们的关注。文章还介绍了医学影像各种成像模式（如 X 射线、计算机断层扫描、磁共振成像和超声成像）中人工智能的应用和不同类型的人工智能算法（监督学习、无监督学习和强化学习）的例子。文章强调了实现广泛采用人工智能在医学影像中的挑战，包括数据隐私、监管批准和伦理考虑。

这篇文章的新意在于介绍了人工智能在医学影像中的机会和挑战，并提供了具体的医学影像领域中人工智能算法的应用案例。文章还强调了需要解决的问题，如数据隐私、监管批准和伦理考虑。此外，文章还提出了未来研究的方向，如开发新的算法来克服当前技术的局限性，以及提高人工智能算法的可解释性和透明度等。

如果要拓展这篇文章，可以从以下几个方面进行。

更详细地介绍医学影像领域中人工智能算法的应用案例，包括更多成像模式的例子和各种不同疾病的例子。

探讨人工智能在医学影像领域中的优点和局限性，以及与传统方法的区别。

讨论如何克服数据隐私、监管批准和伦理考虑等问题，以促进人工智能在医学影像领域中的广泛应用。

探讨人工智能算法的未来发展方向，包括如何更好地将人工智能算法与临床实践相结合，以及开发新的算法。

这份总结不仅简明扼要地呈现了英文原文的主旨，而且深化了我们对人工智能在医学影像领域中的发展和应用的认识。

值得一提的是，一般科技论文比较长，或者我们有时候会遇到无法将 PDF 复制进 ChatGPT 的情况。除了手动把论文复制到 ChatGPT 中，我们也可以通过调用 ChatGPT API 的方式，直接自动对大文件或者批量文件进行处理。以一个较长的 PDF 文档为例，我们可以通过以下代码，先用 Python 读取 PDF 并切分，如 8-7 所示。

8-7　利用 Python 读取并切分 PDF 文件代码

```
import PyPDF2

def read_pdf_file(file_path):
    # 读取 PDF 文件
    pdf_file = open(file_path, 'rb')
    pdf_reader = PyPDF2.PdfFileReader(pdf_file)

    # 获取 PDF 文件中的所有页面，并将它们合并成一个字符串
    pdf_contents = ''
    for page_num in range(pdf_reader.getNumPages()):
        page = pdf_reader.getPage(page_num)
        pdf_contents += page.extractText()

    # 将 PDF 文件内容分割成 3000 个 token 的块
    tokens = pdf_contents.split()
    block_size = 3000
    blocks = [' '.join(tokens[i:i+block_size]) for i in range(0, len(tokens), block_
size)]

    # 返回分割后的块列表
    return blocks
```

说明： 之所以要做切分，是因为本书中接口均为 GPT-3.5，而 GPT-3.5-turbo 的 Prompt 最大数目是 4K。若读者用的是 GPT-4 的 API，Prompt 的最大限制扩充为 32K，读者可以自行判断是否需要切分。

读取 PDF 内容后，我们可以通过调用 ChatGPT 来做总结，代码如 8-8 所示。

8-8　调用 ChatGPT API 生成总结的代码

```
import openai
import PyPDF2
```

```
# 填写 OpenAI API Key 和 Organization 信息
openai.api_key = "OpenAIUtils.API_KEY"


def read_pdf_file(file_path):
  # 读取 PDF 文件
  pdf_file = open(file_path, 'rb')
  pdf_reader = PyPDF2.PdfFileReader(pdf_file)

  # 获取 PDF 文件中的所有页面，并将它们合并成一个字符串
  pdf_contents = ''
  for page_num in range(pdf_reader.getNumPages()):
    page = pdf_reader.getPage(page_num)
    pdf_contents += page.extractText()

  # 将 PDF 文件内容分割成 3000 个 token 的块
  tokens = pdf_contents.split()
  block_size = 3000
  blocks = [' '.join(tokens[i:i+block_size]) for i in range(0, len(tokens), block_
size)]

  # 返回分割后的块列表
  return blocks

def summarize_passage(passage):
  """ 调用 OpenAI API 对给定的文章段落进行总结 """
  prompt = f" 你熟悉人工智能算法及 AI 在医学影像中的最新应用。现在我拿
到一篇文章，从中摘出了部分内容，如下：\n" \
        f"--------------------------------------------\n" \
        f" {passage}\n" \
        f"--------------------------------------------\n" \
        f" 请用中文回答我下面的问题：\n" \
        f"1. 这段的主要内容是什么？ \n" \
```

```
            f"2. 这段的主要结论是什么？ \n" \
            f"3. 这段的创新点是什么？ \n"

    # 使用 OpenAI API 生成总结
    messages = [{"role": "system", "content": " 你现在是人工智能在医学影像中的专家。"},
            {"role": "user", "content": prompt}]
    response = openai.ChatCompletion.create(
      model="gpt-3.5-turbo",
      messages=messages,
      temperature=0.5,
      max_tokens=150,
      frequency_penalty=0.0,
      presence_penalty=0.0,
      stop=None,
      stream=False)
    summary = response["choices"][0]["message"]["content"].strip()

    return summary

if __name__ == '__main__':
    # 读取 PDF 文件并分割成段落列表
    passages = read_pdf_file('Paper.pdf')

    # 对每个段落进行总结
    summaries = []
    for i, passage in enumerate(passages):
      summary = summarize_passage(passage)
      summaries.Append(f" 第 {i+1} 段总结：{summary}")

    # 将所有段落的总结合并成一个字符串
    combined_summary = '\n'.join(summaries)

    # 对所有段落的总结进行总结
```

```
final_summary = summarize_passage(combined_summary)

print(f" 每段总结：\n{combined_summary}\n")
print(f" 整体总结：\n{final_summary}")
```

以上代码实现了一个自动化的文章总结工具，它使用 PyPDF2 库读取指定的 PDF 文件并将其分割成多个段落。对于每个段落，它调用 ChatGPT API 来生成该段落的总结，并将结果存储在一个字符串列表中。最后，它将所有段落的总结合并成一个字符串，并再次调用 OpenAI API 来生成该字符串的总结，即为整篇文章的总结。该工具使用 Python 中的基本字符串操作和列表操作，使代码更加简洁。该工具可以大大提高对文章的处理效率和质量。

说明： 对于上面代码中的“OpenAIUtils.API_KEY”，需要用户手动填写自己账户的 Key，并且 OpenAI 会根据用户请求的 token 数来收费。

综上所述，ChatGPT 作为一种大型语言模型，具备强大的自然语言理解和生成能力，能够快速准确地理解和翻译科技论文，帮助人们更好地了解和掌握前沿科技的最新进展。此外，使用 ChatGPT 还可以帮助人们更好地拓展思路，深入探讨论文的内容，进一步促进科学研究的发展。

8.2 ChatGPT 在思维习惯、自我管理等领域的应用

随着人工智能技术的快速发展，ChatGPT 这一自然语言生成模型不仅在知识获取和学习提高方面有着广泛应用，而且在思维习惯和自我管理等领域中得到了广泛应用。在本节中，我们将探讨 ChatGPT 在思维导图生成、知识结构化、时间管理和计划制订等方面的应用。

8.2.1 利用 ChatGPT 生成思维导图和将知识结构化

思维导图和知识结构化是一种非常有效的思维工具，可以帮助人们

将信息组织、分类和连接起来，从而更好地理解和记忆。ChatGPT 可以帮助人们将想法和信息自动转换为图形，使人们更容易地生成思维导图和将知识结构化。下面通过实例进行讲解。

小美是刚入职的财务新人，正在学习财务报表分析。为了更好地理解财务报表分析，她通过 ChatGPT 构建了一个关于财务报表分析的思维导图，提示语如 8-9 所示。

8-9 财务报表思维导图提示语

我是一名刚入职的财务新人，我们公司的情况如下。

【公司名称】：GreenEco

【公司规模】：500 人

【主营业务】: 环保领域，致力于研究和开发可再生能源、绿色技术和环保产品，并提供相关的咨询和服务。

【财务部人员构成】

财务总监：1 人

财务经理：2 人

财务分析师：5 人

会计师：10 人

出纳员：3 人

税务专员：2 人

风险管理专员：1 人

员工福利专员：1 人

现在你是这家公司 10 年以上的财务经理，熟悉会计原理和财务报表分析、财务预算和成本管理、税务管理、资金管理和风险控制、企业融资和投资管理、会计信息系统和技术等方面的知识，能够有效地管理公司的财务事务，提供精准的财务分析和预测，支持公司的业务决策和战略发展。

现在我要学习财务报表分析，请你从专业角度，给我一份尽可能详细的思维导图。

请直接以 Markdown 的格式输出代码块。

ChatGPT 根据上述提示语中的需求，生成的思维导图代码如 8-10 所示。

8-10 ChatGPT 生成的思维导图 Markdown

```
# 财务报表分析思维导图

## 财务报表种类
- 资产负债表
- 利润表
- 现金流量表
- 综合损益表
- 所有者权益变动表
## 财务指标计算方法

### 资产负债表
- 流动比率 = 流动资产 / 流动负债
- 速动比率 = ( 流动资产 − 存货 ) / 流动负债
- 负债总额资产比率 = 负债总额 / 总资产
- 长期负债占比 = 长期负债 / 负债总额

### 利润表
- 毛利率 = ( 营业收入 − 营业成本 ) / 营业收入
- 净利率 = 净利润 / 营业收入
- 营业利润率 = 营业利润 / 营业收入

### 现金流量表
- 现金流量比率 = 经营活动产生的现金流量净额 / 净利润
- 经营活动现金净流量与净利润比率 = 经营活动产生的现金流量净额 / 净利润
- 自由现金流量 = 经营活动产生的现金流量净额 − 资本支出

## 财务分析方法


### 垂直分析
- 将财务报表中的各项数据按照一定的比例分配到不同的项目中，然后对比各项目的百分比，分析其变化和趋势。

### 横向分析
```

- 将财务报表中的各项数据按照时间顺序排列，然后对比不同时间段的数据变化和趋势。

比较分析
- 将同行业、同类企业的财务数据进行比较，分析其优势和不足，找出自身的差距并加以改进。

比率分析
- 根据财务报表中的财务指标计算各项比率，分析企业财务状况的优劣和发展趋势。

财务分析工具
- Excel
- 财务软件
- 在线财务分析工具
- 财务分析师的经验和专业知识

将以上 Markdown 代码转换为图片，如图 8.7 所示。

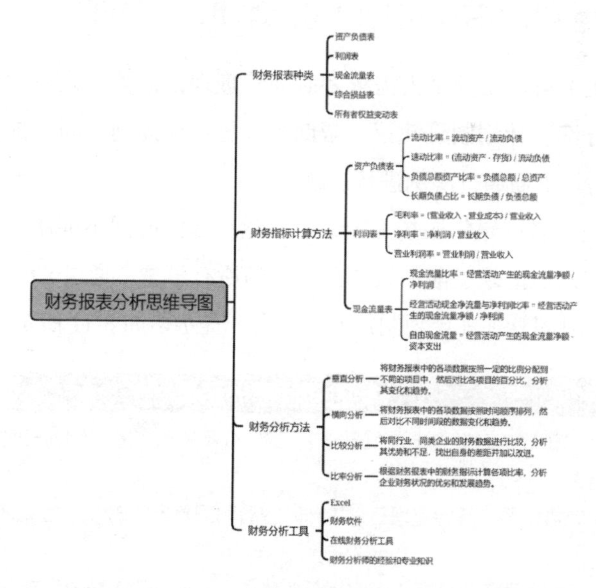

图 8.7　ChatGPT 生成的财务报表分析思维导图

通过思维导图，小美可以清晰地了解财务报表分析的核心内容，包括财务报表种类、财务指标计算方法、财务分析方法和财务分析工具等方面，能更加系统化和全面化地掌握财务报表分析的基本知识和方法，为公司的财务决策和战略发展提供更加精准和有效的支持。同时，该思维导图提供的财务分析工具也可以帮助小美更加方便地进行财务分析工作，提高工作效率和质量。

综上所述，ChatGPT 作为一个强大的语言模型，具备自然语言理解和生成的能力，能够将知识点组织成具有结构和逻辑的思维导图，为学习者提供全面和系统的学习指导。此外，ChatGPT 还可以根据学习者的需求和问题，提供精准和个性化的答案和解决方案，帮助学习者更加高效地学习和掌握知识。因此，利用 ChatGPT 生成思维导图和将知识结构化是一种非常有效的学习方法，可以帮助学习者更好地掌握和运用所学知识。

8.2.2 使用 ChatGPT 进行时间管理和计划制订

ChatGPT 可以根据个人需求和时间管理理论，为个人提供个性化的时间管理方案和计划制订建议，帮助个人更好地规划时间，提高工作效率和生产力。下面通过实例进行讲解。

小王是一名忙碌的职场人士，总感觉自己的时间不够用。为了更好地规划时间，他记录了前一天在公司做的所有事情，通过 ChatGPT 构建了一个关于时间管理和计划制订的计划表，提示语如 8-11 所示。

8-11　时间管理提示语

我是一名忙碌的职场人士，总感觉自己的时间不够用。以下是我昨天做的事情。

8:00 - 到达公司，开始处理日常工作，查看和回复电子邮件、社交媒体和即时消息。

8:30 - 开始处理工作任务，但发现任务量很大，无法集中精力完成任务。我分散了注意力，同时做了一些不相关的事情，如查看社交媒体和接听电话。

10:00 - 参加会议，但由于没有提前准备，无法充分发挥自己的作用，会议效果不佳。

11:00 - 开始处理更多的工作任务，但由于没有制订具体的计划和安排优先级，我在不同的任务之间跳来跳去，而不是集中精力完成一个任务。

12:00 - 午餐时间，花费了太长时间在午餐上，并没有留下足够的时间来休息或做其他事情。

13:00 - 处理紧急的任务，但过于紧张和担心，导致我无法专注于任务，浪费了时间并且效率低下。

15:00 - 处理更多的工作任务，优先处理较为简单或不重要的任务，而忽略了更重要或紧急的任务。

16:00 - 在结束工作前开始处理一些琐碎的工作任务，如整理桌面或准备明天的工作计划。花费过多的时间在无关紧要的事情上，无法完成更重要的任务。

17:00 - 下班。

你现在是时间管理大师，能够通过高效率、目标管理、压力管理和工作与生活平衡等方式取得更好的成果。

请你从专业的角度，帮我重新安排时间，最好有优先级。请以表格的形式输出时间计划表。

ChatGPT 根据上述提示语中的需求生成了时间计划表，如表 8.1 所示。

表 8.1 ChatGPT 生成了时间计划表

时间	活动	优先级
8:00—8:30	查看和回复电子邮件、社交媒体和即时消息	中
8:30—10:00	集中精力完成当天最重要和紧急的工作任务	高
10:00—11:00	针对会议做充分的准备工作	中
11:00—12:00	继续处理重要的工作任务	高
12:00—12:30	吃午餐，限制在 30 分钟内	低
12:30—13:00	放松和休息，如散步或冥想	低
13:00—14:30	处理下一个最重要和紧急的工作任务	高
14:30—15:00	处理其他简单的工作任务，如回复邮件或安排下次会议	中

续表

时间	活动	优先级
15:00—16:00	处理下一个最重要和紧急的工作任务	高
16:00—17:00	整理工作区和准备明天的工作计划	中
17:00	下班	低

以上时间计划表展现了一份更为清晰和高效的工作日计划，通过将工作任务分为不同的优先级，确保每个时间段都集中于最重要和紧急的任务上。此外，留出时间缓冲区和放松休息时间，有助于应对突发事件和避免疲劳。这样的优化方案不仅有助于提高效率和完成任务，还能够帮助实现工作和生活的平衡，以更加积极和愉快的态度投入工作和生活中。

综上所述，ChatGPT 能够帮助你制订更加科学、高效和个性化的时间管理方案，以应对不断变化的工作和生活压力，提高工作效率和成果，同时更好地平衡工作和生活，保持身心健康。

8.3 小结

本章主要介绍了如何利用 ChatGPT 提升学习能力和促进自我成长。在知识获取、学习提高等领域的应用方面，我们可以利用 ChatGPT 进行快速知识检索和答疑解惑、学习语言、翻译和总结科技论文。这些应用可以帮助我们更快速地获取知识、提高学习效率，同时也提升了我们的语言和专业能力。

在思维习惯、自我管理等领域的应用方面，我们可以利用 ChatGPT 生成思维导图和将知识结构化，以及进行时间管理和计划制订。这些应用可以帮助我们更好地组织和管理思维和时间，提高工作和学习效率。

第 9 章 利用 ChatGPT 提升数据分析能力

随着数据分析在各个行业中的应用越来越广泛，一个人是否具备数据分析能力成了提升职场竞争力的重要因素。ChatGPT 作为一种强大的自然语言处理模型，不仅可以自动生成文本，还可以在数据分析中发挥重要作用。

本章主要介绍了利用 ChatGPT 提升数据分析能力，涉及以下知识点：

- 使用 ChatGPT 自动生成数据报告；
- 利用 ChatGPT 进行数据可视化；
- 使用 ChatGPT 进行数据清洗和预处理；
- 使用 ChatGPT 进行自动纠错和缺失值填充。

通过本章的学习，读者将能够更好地理解 ChatGPT 在数据分析中的应用，并在实际工作中灵活运用 ChatGPT 技术，提升自己在职场中的竞争力。

9.1 ChatGPT 在数据可视化和报告生成中的应用

在数据分析工作中，数据报告的编写和数据可视化是不可或缺的一环。然而，传统方式的数据报告编写需要大量人力、物力，而且往往存在一些局限性，比如易出现重复的信息、无法全面覆盖数据信息等。而使用 ChatGPT 技术，可以实现自动生成数据报告和进行数据可视化，极大地提高数据分析的效率和准确性。本节将重点介绍如何利用 ChatGPT 技术自动生成数据报告和进行数据可视化，以及如何使用 ChatGPT 提高数据报告的清晰度和可读性。

9.1.1 使用 ChatGPT 自动生成数据报告

ChatGPT 可以根据数据分析理论和个人需求，自动生成符合要求的数据报告，帮助个人更好地理解数据，做出科学决策。下面通过实例进行讲解。

小张是一家渔具公司的数据分析师，他需要定期生成各种数据报告来帮助公司了解业务状况。为了更快速地生成数据报告，他使用 ChatGPT 自动生成了一份关于销售数据的报告，提示语如 9-1 所示。

9-1 生成数据报告的提示语

现在我需要你作为高级数据分析师。你具备处理和分析数据的技能，掌握各种数据分析工具和编程语言，并了解数据挖掘技术和算法。你具备统计学基础和业务理解能力，能够将数据分析结果转化为实际业务决策和行动的建议。你有良好的沟通和演讲技能，能够向非专业人士解释技术术语和分析方法。你具备项目管理技能和自我学习能力，能够规划、组织和管理项目，不断学习新的技术和工具，保持对新技术的敏感度，并能够迅速学习和掌握新的技能和知识。

我是一家渔具公司的数据分析师，我们公司今年第一季度的电商销售数据如下所示。

公司名称：BlueSea 鱼竿公司

鱼竿名称：

银河系星云（Spacetime Nebula）

极地暴风（Polar Storm）

蓝色天堂（Blue Paradise）

旋风之舞（Dance of Tornado）

恒星熔岩（Stellar Lava）

黄昏奇观（Twilight Spectacle）

水晶碧海（Crystal Blue Sea）

火山喷发（Volcanic Eruption）

巨龙猎手（Dragon Hunter）

沉默之海（Silent Sea）

在主流电商平台（淘宝、天猫、抖音、拼多多、京东）中，BlueSea 鱼竿公司旗下各个品牌今年第一季度的销售情况如下。

1月销售数据：

品牌名称	淘宝销售量（件）	天猫销售量（件）	抖音销售量（件）	拼多多销售量（件）	京东销售量（件）
银河系星云	800	500	200	400	100
极地暴风	500	350	120	200	70
蓝色天堂	400	250	100	150	50
旋风之舞	300	200	80	120	40
恒星熔岩	250	150	50	80	20
黄昏奇观	200	120	40	60	15
水晶碧海	150	100	30	50	10
火山喷发	100	70	20	40	5
巨龙猎手	50	30	10	20	2
沉默之海	20	10	5	8	1

2月销售数据：

品牌名称	淘宝销售量（件）	天猫销售量（件）	抖音销售量（件）	拼多多销售量（件）	京东销售量（件）
银河系星云	1,000	700	250	450	150
极地暴风	700	500	180	300	90
蓝色天堂	500	350	120	200	70
旋风之舞	400	280	100	150	50
恒星熔岩	300	200	80	120	40
黄昏奇观	250	150	50	80	20
水晶碧海	200	120	40	60	15
火山喷发	150	100	20	40	5
巨龙猎手	70	50	15	25	3
沉默之海	30	20	5	8	1

3月销售数据：

品牌名称	淘宝销售量（件）	天猫销售量（件）	抖音销售量（件）	拼多多销售量（件）	京东销售量（件）
银河系星云	1,200	800	300	500	200
极地暴风	800	600	200	300	100
蓝色天堂	600	400	150	250	80

旋风之舞	500	350	120	200	70
恒星熔岩	400	300	100	150	50
黄昏奇观	300	250	80	120	40
水晶碧海	250	200	70	100	30
火山喷发	200	150	50	80	20
巨龙猎手	100	80	30	50	10
沉默之海	50	40	15	25	5

根据以上的数据，从你的专业角度，给我一份数据分析报告。

报告必须从时间、产品、渠道等多个维度剖析数据，并且给我销售建议。

ChatGPT 根据上述提示语中的需求给出的数据分析报告如 9-2 所示。

9-2 ChatGPT 生成的数据分析报告

报告标题：BlueSea 鱼竿公司 2023 年第一季度电商销售数据分析报告

一、概述

根据您提供的销售数据，在淘宝、天猫、抖音、拼多多、京东这 5 个电商平台上，BlueSea 鱼竿公司的 10 款产品都有销售。整体销售量随着时间推移呈现出上升趋势。

二、产品维度分析

从产品销售数据来看，银河系星云、极地暴风和蓝色天堂的销售最好，这 3 款产品在各平台的销售量都位于前列。需要进一步分析这些产品受欢迎的原因，是产品特性、价格、市场定位还是推广效果哪方面的因素。

销售表现相对较弱的三款产品是火山喷发、巨龙猎手和沉默之海，它们的销售量相对低，可能需要审视产品的设计、定价、市场推广等因素，或考虑进行特定的促销活动以提高销售。

三、时间维度分析

从时间角度看，第一季度的销售量总体上呈现增长趋势，特别是银河系星云、极地暴风和蓝色天堂这几款产品，每个月的销售量都有明显增长。这可能与春季是户外活动增加的季节有关，或者是公司在第一季度的市场推广效果较好。

四、渠道维度分析

在各个销售渠道中，淘宝和天猫的销售量最高，远超其他平台。可以考虑增加在这两个平台的广告投入，提高产品的曝光率和销售量。

抖音、拼多多、京东的销售数据相对较低，可能需要审视公司在这些平台的市场推广策略，或者针对这些平台的用户特性进行差异化的产品推广。

建议：

对于销售表现良好的产品，进行深入分析，探索其成功因素，并试图将这些成功因素应用于其他产品。

对于销售表现较弱的产品，需要进一步调查原因，如需求量不足、定价不合理或推广不足等，并进行策略调整。

在淘宝和天猫这两个主要销售渠道，考虑增加广告投入，提高产品曝光率。

对于抖音、拼多多、京东等销售量较低的平台，需要重新审视市场推广策略，考虑进行更具针对性的推广活动。

以上是基于现有数据的分析和建议。如果有更详细的数据，例如，各产品的利润、广告投入、用户反馈等，可以进行更深入的分析。

上面的数据分析报告从时间、产品、渠道等多个维度对 BlueSea 鱼竿公司第一季度的销售数据进行了深入分析。报告不仅对销售数据的变化趋势进行了梳理和解读，还从产品和渠道维度提出了具体的销售建议。整个报告语言清晰简洁、数据分析准确精细，提供了有针对性的销售策略和建议，对公司未来的销售发展具有积极的推动作用。

当我们的数据有多个表格的时候，可以使用 Python 读取文件夹下面的所有 Excel，再以字典的格式输出，代码如 9-3 所示。

9-3 读取同一个文件夹下所有 Excel 的 Python 代码

```
import os
import pandas as pd


def read_excel_files(folder_path):
    '''
    读取指定文件夹下所有 Excel 表格，返回一个字典，键为表格名，值为表格中的数据框。
    '''
    excel_files = [f for f in os.listdir(folder_path) if f.endswith('.xlsx') or f.endswith('.xls')]
    excel_data = {}
```

```
    for file in excel_files:
        file_path = os.path.join(folder_path, file)
        sheet_name = pd.ExcelFile(file_path).sheet_names
        file_data = {}
        for sheet in sheet_name:
            file_data[sheet] = pd.read_excel(file_path, sheet_name=sheet)
        excel_data[file] = file_data
    return excel_data
```

然后通过调用 ChatGPT API 的方式分析数据，代码如 9-4 所示。

9-4　调用 ChatGPT API 分析数据代码

```
import os
import openai
import docx

openai.api_key = "OpenAIUtils.API_KEY"



import os
import pandas as pd

def read_excel_files(folder_path):
    '''
    读取指定文件夹下所有 Excel 表格，返回一个字典，键为表格名，值为表格中的数据框。
    '''
    excel_files = [f for f in os.listdir(folder_path) if f.endswith('.xlsx') or f.endswith('.xls')]
    excel_data = {}
    for file in excel_files:
        file_path = os.path.join(folder_path, file)
        sheet_name = pd.ExcelFile(file_path).sheet_names
        file_data = {}
        for sheet in sheet_name:
```

```
            file_data[sheet] = pd.read_excel(file_path, sheet_name=sheet)
        excel_data[file] = file_data

    # 合并所有表格内容为一个字符串
    passages = ''
    for file in excel_data:
        for sheet in excel_data[file]:
            df = excel_data[file][sheet]
            passages += f"\n 表格 {file} 工作表 {sheet}\n"
            passages += df.to_string(index=False)

    return passages

def get_answer(passage):
    _prompt = f" 你具备处理和分析数据的技能，掌握各种数据分析工具和编程
语言，并了解数据挖掘技术和算法。"\
              f" 你具备统计学基础和业务理解能力，能够将数据分析结果转化为实
际业务决策和行动的建议。"\
              f" 你有良好的沟通和演讲技能，能够向非专业人士解释技术术语和分
析方法。"\
              f" 我是一家渔具公司的数据分析师，我们公司上个月的电商销售数据
如下所示 \n"\
            f" {passage}\n"\
            f" 根据以上的数据，从你的专业角度，给我一份数据分析报告。\n"\
            f" 报告必须从时间、产品、渠道等多个维度剖析数据，并且给我销售建
议。\n"
    _messages = [{"role": "system", "content": " 你是高级数据分析师 "},
              {"role": "user", "content": _prompt}]
    response = openai.ChatCompletion.create(
        model=" gpt-3.5-turbo ",
        prompt=_prompt,
        temperature=0.5,
        max_tokens=150,
        frequency_penalty=0.0,
```

```
        presence_penalty=0.0,
        stop=None,
        n=1,
        engine=" gpt-3.5-turbo ",
        timeout=60,
    )
    return response["choices"][0]["message"]["content"]

if __name__ == '__main__':
    passages = read_excel_files('./Sales_Data')
    answer = get_answer(passages)
    print(answer)
```

调用 ChatGPT API 分析数据，最终也会输出与前面生成数据报告类似的结果。

说明：对于上面代码中的“OpenAIUtils.API_KEY”，需要用户手动填写自己账户的 Key，并且 OpenAI 会根据用户请求的 token 数来收费。同时也要注意，若使用 gpt-3.5-turbo 模型，所有 Prompt 的长度不能超过 4000 个 token。

综上所述，基于强大的自然语言处理技术，ChatGPT 可以对大量数据进行自动化处理和分析，并生成清晰、准确、全面的数据报告。通过 ChatGPT 自动生成数据报告，可以避免手工处理数据的烦琐和容易出错的问题，并能快速获取数据分析的结果和结论，为企业的决策和发展提供有力的支持和保障。

9.1.2 利用 ChatGPT 进行数据可视化

除了能够自动生成数据报告，ChatGPT 还可以帮助数据分析师进行数据可视化。通过 ChatGPT 生成的数据可视化图表，数据分析师可以更加清晰地展示数据，进一步理解数据背后的规律，为业务决策提供有力的支持。下面通过实例进行讲解。

小张想要为公司的销售数据生成一个柱状图，展示不同产品的销售额情况。他使用 ChatGPT 生成可视化数据的提示语如 9-5 所示。

9-5 数据可视化提示语

现在我需要你作为高级数据分析师。你具备处理和分析数据的技能，掌握各种数据分析工具和编程语言，并了解数据挖掘技术和算法。你具备统计学基础和业务理解能力，能够将数据分析结果转化为实际业务决策和行动的建议。你有良好的沟通和演讲技能，能够向非专业人士解释技术术语和分析方法。你具备项目管理技能和自我学习能力，能够规划、组织和管理项目，不断学习新的技术和工具，保持对新技术的敏感度，并能够迅速学习和掌握新的技能和知识。

我是一家电商公司的数据分析师，我们公司上个月的电商销售数据如下所示。

公司名称：GoodFood

公司产品：香辣薯片，蜜汁薯片，海苔脆片，咖啡，茶饮，果汁

1 月销售数据如下：

地区	产品类别	产品名称	客户类别	销售额	毛利润	净利润	利润率
北京	零食	香辣薯片	批发商	$50,000	$25,000	$13,500	27.0%
北京	零食	蜜汁薯片	零售商	$40,000	$20,000	$9,500	23.8%
北京	零食	海苔脆片	个人用户	$30,000	$15,000	$7,500	25.0%
北京	饮料	咖啡	批发商	$80,000	$40,000	$21,500	26.9%
北京	饮料	茶饮	零售商	$70,000	$35,000	$18,500	26.4%
北京	饮料	果汁	个人用户	$60,000	$30,000	$16,500	27.5%
上海	零食	香辣薯片	批发商	$45,000	$22,500	$12,000	26.7%
上海	零食	蜜汁薯片	零售商	$35,000	$17,500	$9,500	27.1%
上海	零食	海苔脆片	个人用户	$25,000	$12,500	$7,000	28.0%
上海	饮料	咖啡	批发商	$75,000	$37,500	$20,000	26.7%
上海	饮料	茶饮	零售商	$65,000	$32,500	$18,500	28.5%
上海	饮料	果汁	个人用户	$55,000	$27,500	$15,500	28.2%
总计				$600,000	$300,000	$162,500	27.1%

根据以上的数据，从你的专业角度，利用 Python 代码可视化以上数据。

直接以代码块的格式输出代码。

ChatGPT 根据上述提示语中的需求，直接输出的可视化代码如 9-6 所示。

9-6　ChatGPT 可视化代码

```
import pandas as pd
import numpy as np
import matplotlib.pyplot as plt
from matplotlib.ticker import PercentFormatter
from matplotlib.font_manager import FontProperties

# 设置中文字体
font = FontProperties(fname='C:/Windows/Fonts/msyh.ttc', size=14)

# 读取数据
df = pd.read_excel('data.xlsx', sheet_name='Sheet1')

# 按地区、产品类别、客户类别计算销售额和利润
df_grouped = df.groupby([' 地区 ', ' 产品类别 ', ' 客户类别 '], as_index=False).
agg({
    ' 销售额 ': np.sum,
    ' 毛利润 ': np.sum,
    ' 净利润 ': np.sum
})

# 创建画布 1 和子图 1
fig1, axs = plt.subplots(nrows=2, ncols=2, figsize=(16, 10), sharey=True)

# 绘制销售额和利润的柱状图
for i, region in enumerate(df_grouped[' 地区 '].unique()):
    for j, category in enumerate(df_grouped[' 产品类别 '].unique()):
        ax = axs[i, j]
        df_filtered = df_grouped[(df_grouped[' 地区 '] == region) & (df_grouped
[' 产品类别 '] == category)]
        labels = df_filtered[' 客户类别 ']
```

```
        sales = df_filtered[' 销售额 ']
        profit = df_filtered[' 净利润 ']
        x = np.arange(len(labels))
        ax.bar(x, sales, label=' 销售额 ', color='tab:blue')
        ax.bar(x, profit, label=' 净利润 ', color='tab:green', alpha=0.7)
        ax.set_xticks(x)
        ax.set_xticklabels(labels, fontproperties=font)
        ax.set_title(region + ' ' + category, fontproperties=font)
        ax.legend(prop=font)

    # 设置子图 1 标题和坐标轴标签
    fig1.suptitle('GoodFood 1 月销售数据 ', fontsize=20, fontproperties=font)
    fig1.text(0.5, 0.04, ' 客户类别 ', ha='center', fontproperties=font, fontsize=16)
    fig1.text(0.06, 0.5, ' 销售额 / 净利润 ', va='center', rotation='vertical',
fontproperties=font, fontsize=16)

    # 调整子图 1 布局
    plt.subplots_adjust(wspace=0.3, hspace=0.4)

    # 创建画布 2
    fig2, ax = plt.subplots(figsize=(8, 6))

    # 绘制利润率的直方图
    profit_margin = df_grouped[' 净利润 '] / df_grouped[' 销售额 ']
    ax.hist(profit_margin, bins=10, range=(0.2, 0.35), color='tab:orange')
    ax.set_title(' 净利润率 ', fontproperties=font)
    ax.set_xlabel(' 利润率 ', fontproperties=font)
    ax.set_ylabel(' 频数 ', fontproperties=font)
    ax.yaxis.set_major_formatter(PercentFormatter(len(df_grouped)))

    # 显示图形
    plt.show()
```

将上面代码复制到 PyCharm 中运行，可得到 GoodFood 公司 1 月份在北京和上海两个地区的销售情况，如图 9.1 所示。

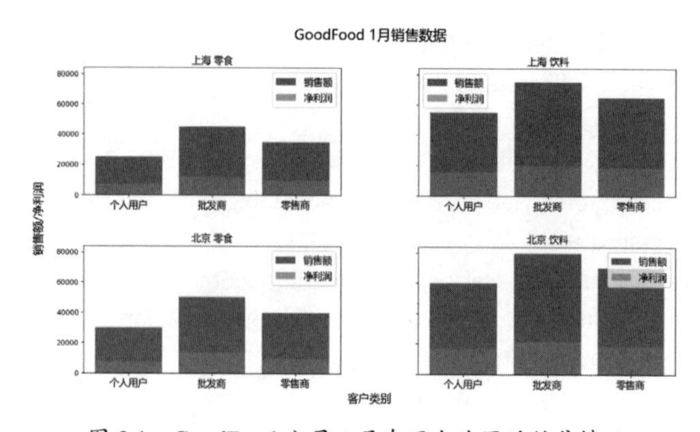

图 9.1　GoodFood 公司 1 月在两个地区的销售情况

同时，1 月这两个地区净利润率的直方图，如图 9.2 所示。

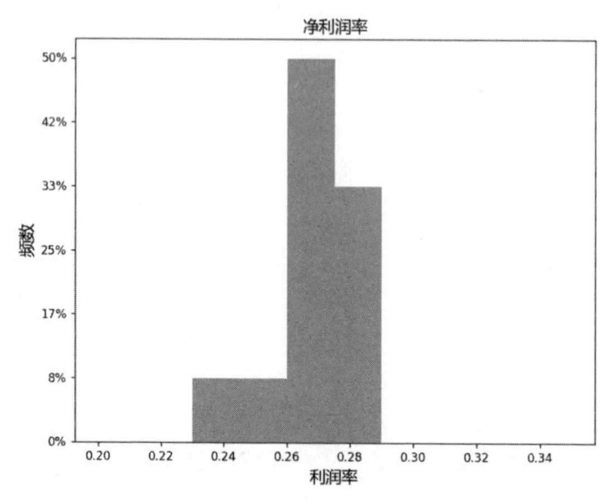

图 9.2　两个地区净利润率的直方图

从图 9.1 和图 9.2 可以看出，这些可视化数据呈现了丰富而直观的信息。它们分别展示了不同地区和产品类别下的销售额和净利润的分布情况，以及整体的净利润率分布。这种细致的分类使我们能够迅速发现潜在的销售热点、利润驱动力，以及客户对类别的偏好。同时，利用直方图展示净利润率有助于我们理解公司在各个业务领域的整体盈利能力。总的来说，这些图表为我们提供了一种清晰、高效的方式来理解和分析数据，有助于我们在制订业务策略时做出更明智的决策。

综上所述，利用 ChatGPT 进行数据可视化不仅能够帮助我们更好地理解庞大的数据集，还能有效地挖掘数据潜在的价值和趋势。通过将数据转化为直观的图表，我们能更容易地识别业务中的成功和失败点，从而为决策者提供有力的支持。此外，ChatGPT 在处理数据和生成图表时具有高度的灵活性和定制性，可以满足各种场景下的数据可视化需求。

9.2 ChatGPT 在数据清洗和预处理中的应用

在进行数据分析时，数据的清洗和预处理是必不可少的步骤。数据清洗可以去除无效数据、纠正数据错误、填补缺失值等，从而保证数据的准确性和完整性。而数据预处理则是为了将原始数据转化为可供分析的形式，比如进行特征提取、特征转换等。在这个过程中，使用 ChatGPT 技术可以大大提高数据清洗和预处理的效率和准确性。接下来将分别介绍如何使用 ChatGPT 进行数据清洗和预处理。

9.2.1 使用 ChatGPT 进行数据清洗

数据清洗是数据分析的前提，旨在确保数据的质量和完整性。它包括纠正错误值（如拼写、格式、范围错误）、填补缺失值（使用平均值、中位数、众数或模型预测）、处理异常值和离群值、删除重复项，以及对敏感数据进行脱敏。通过这些步骤，数据清洗能够消除数据中的问题，提高后续分析的准确性和可靠性。

下面我们通过几个实例来介绍如何使用 ChatGPT 进行数据清洗。

- **实例 1：数据清洗**

Eric 现有一份英文文本数据，其中包含 10 行待清洗的句子，每个句子格式不一，具体如 9-7 所示。

9-7 初始的脏数据

My email is john.doe@example.com, and my phone number is 123-456-7890.

This is a test sentence. #@!%*?

I can't wait to go on vacation! :D

The weather is nice today.

Is there a coffee shop nearby?

I need to buy some groceries at the supermarket.

He's a great basketball player. He's tall, fast, and has excellent ball-handling skills.

I'm learning how to code in Python, and it's really fun.

The cat sat on the mat. The dog barked at the cat.

I'm not sure what to do next.

在这个例子中，初始的文本数据存在很多问题，比如包含了邮箱和电话号码等敏感信息、存在特殊字符和句子重复等。为了清洗这份数据，Eric 利用 ChatGPT 来进行清洗，提示语如 9-8 所示。

9-8 数据清洗的提示语

I have a text data in English, and the content is between the symbols ---

---

My email is john.doe@example.com, and my phone number is 123-456-7890.

This is a test sentence. #@!%*?

I can't wait to go on vacation! :D

The weather is nice today.

Is there a coffee shop nearby?

I need to buy some groceries at the supermarket.

He's a great basketball player. He's tall, fast, and has excellent ball-handling skills.

I'm learning how to code in Python, and it's really fun.

The cat sat on the mat. The dog barked at the cat.

I'm not sure what to do next.

Please preprocess the data by performing common text preprocessing operations such as data cleaning, standardization, tokenization, stop word removal, sanitize the text to remove any sensitive information and punctuation removal. Please output the preprocessed text data in Markdown format.

ChatGPT 会根据上述提示语中的需求快速给出清洗后的文本，如 9-9 所示。

9-9 ChatGPT 清洗后的数据

My email is [REDACTED], and my phone number is [REDACTED].
This is a test sentence
I can't wait to go on vacation
The weather is nice today
Is there a coffee shop nearby
I need to buy some groceries at the supermarket
He's a great basketball player He's tall fast and has excellent ball handling skills
I'm learning how to code in Python and it's really fun
The cat sat on the mat The dog barked at the cat
I'm not sure what to do next

以上清洗后的数据展示了一个经过精细处理的文本数据集。进行清洗操作后，数据中的敏感信息被消除，标点符号被删除，词语被分割并去除了无意义的停用词，这些步骤使文本数据更加干净、易于处理和分析。这些清洗操作不仅可以提高文本数据的质量和准确性，还可以为进一步的自然语言处理和机器学习任务奠定坚实的基础。

当然，我们也可以通过调用 ChatGPT API 的方式分析数据，代码如 9-10 所示。

9-10 调用 ChatGPT API 清洗数据的代码

```
import os
import openai
import docx
```

```
openai.api_key = "OpenAIUtils.API_KEY"


def read_word_file(file_path):
    document = docx.Document(file_path)
    text = ""
    for para in document.paragraphs:
        text += para.text
    return text


def get_answer(passage):
    _prompt =  f" 你具备处理和分析数据的技能，掌握各种数据分析工具和编
程语言，并了解数据挖掘技术和算法。" \
              f" 你同时具备统计学基础和业务理解能力，能够将数据分析结果转化
为实际业务决策和行动的建议。" \
              f" 现有一份中文文本数据，数据内容在 ------ 符号之间。\n" \
              f"------\n" \
              f"{passage}" \
              f"------\n" \
              f" 你需要对数据进行清洗、标准化、分词、去停用词、去除标点符号、
去除敏感信息等一系列常见的文本清洗操作。" \
              f" 请直接以 Markdown 的格式输出处理好的文本数据。\n"
    _messages = [{"role": "system", "content": " 你是高级数据分析师 "},
              {"role": "user", "content": _prompt}]
    response = openai.ChatCompletion.create(
        model="gpt-3.5-turbo",
        prompt=_prompt,
        temperature=0.5,
        max_tokens=150,
        frequency_penalty=0.0,
        presence_penalty=0.0,
        stop=None,
```

```
        n=1,
        engine="text-davinci-002",
        timeout=60,
    )
    return response["choices"][0]["message"]["content"]


if __name__ == '__main__':
    passage = read_word_file('./Data')
    answer = get_answer(passage)
    print(answer)
```

调用 ChatGPT API 清洗数据，最终也会输出与前面文本清洗类似的结果。

说明： 对于上面代码中的“OpenAIUtils.API_KEY”，需要用户手动填写自己账户的 Key，并且 OpenAI 会根据用户请求的 token 数来收费。同时也要注意，若使用 gpt-3.5-turbo 模型，所有 Prompt 的长度不能超过 4000 个 token。

● 实例 2：自动纠错和缺失值填充

小美是一家服装店的老板，她在统计店铺一周营业额的时候，发现数据里面有一些错误，想通过 ChatGPT 来修正这些错误，提示语如 9-11 所示。

9-11 自动纠错和缺失值填充提示语

现在你是一名数据科学家，具备深入分析订单数据的能力，能够挖掘出其中有用的信息，帮助电商公司制订更好的销售策略、优化用户体验、降低成本等。你熟练掌握数据分析工具和技术，如 SQL、Python、R 语言等，并能够使用数据可视化工具，如 Tableau、Power BI 等，进行数据分析和报告撰写。

我是一家服装店的店长，以下是我店铺一周的销售数据，你能帮我纠正其中的错误吗？

数据如下：

订单号	用户 ID	商品 ID	商品价格	购买数量	订单日期
001	1001	111	250.0	2	2022-03-20
002	1002	222	300.0	3	2022-03-21
003	1003	333	350.0	4	2022-03-22
004	1004	NaN	400.0	NaN	2022-03-23
005	NaN	555	450.0	6	2022-03-24
006	1006	666	−500.0	1	2022-03-25
007	1007	777	600.0	−2	2022-03-26
008	1008	888	700.0	8	2022-03-20
009	1009	999	750.0	NaN	2022-03-21
010	1010	1010	800.0	10	2022-03-22
011	1011	NaN	850.0	2	2022-03-23
012	1012	1212	900.0	−3	2022-03-24
013	1013	1313	950.0	4	2022-03-25
014	1014	1414	1000.0	NaN	2022-03-26
015	1015	1515	1050.0	6	2022-03-27

请直接给我 python 代码，在 Python 代码中，除了分析，还需要画出对应的图片，并把所有图片整合到一张图中。

ChatGPT 根据上述提示语中的需求，给出的代码如 9-12 所示。

9-12 ChatGPT 生成的纠错和分析代码

```
import pandas as pd
import numpy as np
import matplotlib.pyplot as plt
import seaborn as sns
from matplotlib.font_manager import FontProperties

# 读取数据
df = pd.read_excel("sales_data.xlsx")

# 数据清洗
# 删除空值
df = df.dropna(how="all")
```

```
# 将日期转换为日期格式
df[" 订单日期 "] = pd.to_datetime(df[" 订单日期 "])
# 删除价格为负数的行
df = df[df[" 商品价格 "] > 0]
# 将购买数量为负数的数据改为正数
df.loc[df[" 购买数量 "] < 0, " 购买数量 "] = -df[" 购买数量 "]

# 数据分析
# 计算销售额
df[" 销售额 "] = df[" 商品价格 "] * df[" 购买数量 "]
# 计算每天的销售额
daily_sales = df.groupby(" 订单日期 ")[" 销售额 "].sum()
# 计算每个用户的购买总额
user_sales = df.groupby(" 用户 ID")[" 销售额 "].sum()
# 计算每个商品的销售量
product_sales = df.groupby(" 商品 ID")[" 购买数量 "].sum()

# 设置中文字体
font = FontProperties(fname='C:/Windows/Fonts/msyh.ttc', size=30)

# 创建画布
fig, axs = plt.subplots(3, 1, figsize=(12, 18))

# 绘制每天的销售额折线图
axs[0].plot(daily_sales.index, daily_sales.values)
axs[0].set_title(" 每天的销售额 ", fontproperties=font)
axs[0].set_xlabel(" 日期 ", fontproperties=font)
axs[0].set_ylabel(" 销售额 ", fontproperties=font)

# 绘制每个用户的购买总额柱状图
axs[1].bar(user_sales.index, user_sales.values)
axs[1].set_title(" 每个用户的购买总额 ", fontproperties=font)
axs[1].set_xlabel(" 用户 ID", fontproperties=font)
axs[1].set_ylabel(" 购买总额 ", fontproperties=font)
```

```
    # 绘制每个商品的销售量条形图
    product_sales = product_sales.sort_values(ascending=False)
    sns.barplot(x=product_sales.values, y=product_sales.index, ax=axs[2])
    axs[2].set_title(" 每个商品的销售量 ", fontproperties=font)
    axs[2].set_xlabel(" 销售量 ", fontproperties=font)
    axs[2].set_ylabel(" 商品 ID", fontproperties=font)

    # 调整子图之间的距离和边距
    fig.subplots_adjust(hspace=0.5, wspace=0.3, left=0.1, right=0.9, top=0.95,
bottom=0.05)

    # 保存图像
    plt.show()
```

将以上代码复制到 PyCharm 中运行，得到的清洗后的销售分析图如图 9.3 所示。

以上 ChatGPT 生成的代码，从纠错、数据补全和数据分析的角度对原始数据进行了全面而有效的处理和分析。在纠错方面，代码能够识别和删除价格为负数的行，以及将购买数量为负数的行中的数据改为正数。在数据补全方面，代码能够删除空值，并将日期转换为日期格式。在数据分析方面，代码能够计算每天的销售额、每个用户的购买总额和每个商品的销售量，并生成直观的可视化图表。通过这些处理和分析，我们可以更好地理解销售数据，并从中获取有用的信息，帮助电商公司制订更好的销售策略、优化用户体验、降低成本等。

综上所述，通过 ChatGPT 进行数据清洗，可以确保数据的质量和完整性，能够纠正错误值、填补缺失值、处理异常值和离群值，并删除重复项，同时对敏感数据进行脱敏处理，为后续数据分析提供准确、可信的数据基础。

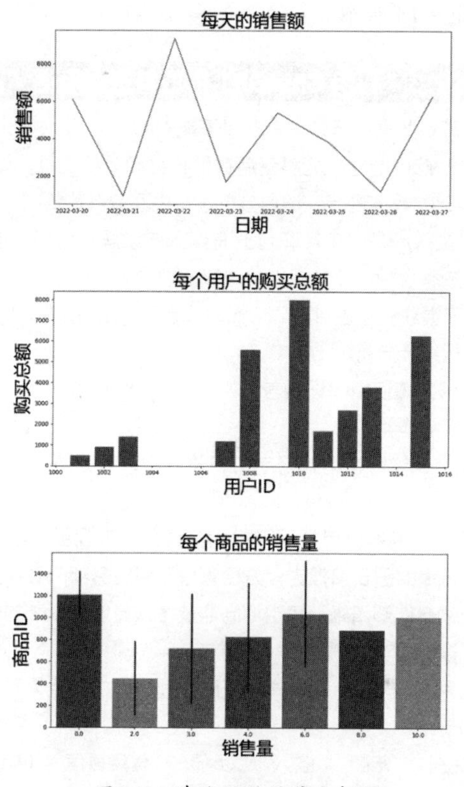

图 9.3 清洗后的销售分析图

9.2.2 使用 ChatGPT 进行数据预处理

数据预处理是将原始数据转化为可供分析的形式的过程，包括特征提取、特征转换、数据标准化、归一化、缩放等操作，以便更好地适应模型和算法的要求，提高数据的可解释性和模型的性能。

下面我们通过实例来讲解如何通过 ChatGPT 进行数据预处理。

Leo 是某金融公司的数据分析师，公司在做投资决策时需要评估客户的信用风险。他使用 ChatGPT 来减少数据的维度，以便更好地评估客户的信用风险，借助 ChatGPT 强大的算法功能，能够直接对数据进行特征提取，提示语如 9-13 所示。

9-13　利用 ChatGPT 提取特征提示语

你是金融行业高级数据分析师，具备以下能力。

数据分析和数据挖掘能力：能够使用数据挖掘和分析工具，如 Python、R 语言和 SQL 等，对大量的数据进行处理和分析，从中获取有价值的信息。

金融知识：对金融产品、市场和行业有深入的了解和认识，理解金融指标和统计数据的含义，熟悉金融行业的规则和法律法规。

统计学知识：掌握统计学基础知识，如假设检验、回归分析、时间序列分析等，能够对金融数据进行统计分析。

编程能力：能够熟练使用编程语言，如 Python 和 R 语言等，进行数据处理、模型构建和可视化等操作。

建模和预测能力：能够使用机器学习和深度学习等算法，构建金融模型并进行预测和优化。

数据可视化能力：能够使用数据可视化工具，如 Tableau 和 PowerBI 等，将数据转化为直观、易懂的图表和报告，方便管理层和业务部门做决策。

沟通和表达能力：能够清晰、简明地向非技术人员解释复杂的数据分析结果，帮助业务部门制订策略和决策。

现在我有一份用户的表格，存在本地的 Excel 表格中，我需要评估客户的信用风险。表格内容如下：

客户编号	性别	年龄	收入	负债	信用额度	信用评分
1	女	28	5000	2000	5000	1
2	男	35	8000	10000	10000	0
3	男	42	7000	8000	15000	1
4	女	25	6000	3000	6000	0
5	男	30	9000	12000	8000	1
6	女	32	5500	2500	6500	1
7	女	26	4800	1800	5000	0
8	男	39	6500	7000	12000	1
9	女	36	7000	8000	13000	1
10	女	29	5200	2100	5500	0
11	女	28	4800	1500	4500	0
12	男	31	7500	10000	9000	0
13	男	45	9000	15000	15000	1

14	女	27	5500	1800	6000	1
15	女	30	6000	3000	5500	0

请从你的专业角度，根据我的需求，对以上数据进行主成分分析（PCA），输出格式如下。

【PCA 的操作步骤】：

【PCA 处理后的数据】：

最后请给我完整的 Python 代码，包括读取数据、PCA 和可视化。

说明： 主成分分析（PCA）是一种降维技术，通过线性变换将高维数据转化为低维表示，以保留数据中最大方差的主要特征。通过计算数据的协方差矩阵确定主成分，选择前 k 个主成分将数据投影到一个 k 维子空间中。这样可以简化数据分析过程，降低数据维度，并尽可能保留原始数据的信息。PCA 在数据压缩、特征提取、数据可视化和模式识别等领域得到了广泛应用。

ChatGPT 根据上述提示语中的需求，对以上数据进行 PCA 降维，输出如 9-14 所示。

9-14 ChatGPT 进行 PCA 处理

作为金融行业的高级数据分析师，我可以根据你的需求，对以上数据进行主成分分析（PCA）并输出处理后的数据格式。具体步骤如下。

【PCA 的操作步骤】：

读取 Excel 表格数据，并对数据进行预处理，包括数据清洗、缺失值填充、异常值处理等。

对数据进行标准化处理，将各变量的数值缩放到相同的尺度上。

计算相关矩阵，并通过特征值分解（Eigenvalue Decomposition）求出数据的特征值和特征向量。

对特征值进行排序，并选择前 k 个主成分。

利用前 k 个主成分构建新的数据集，并将其保存。

【PCA 处理后的数据】：

根据以上步骤处理后，输出的数据如下。

客户编号	主成分 1	主成分 2
1	−1.583	−0.138
2	2.119	−0.102
3	0.774	1.491
4	−1.251	−0.506
5	1.311	1.605
6	−1.399	0.501
7	−1.991	−0.535
8	0.429	0.926
9	0.740	1.237
10	−1.478	−0.525
11	−1.988	−0.321
12	1.072	−1.238
13	3.207	0.307
14	−1.405	−0.235
15	−0.910	−0.701

其中，主成分 1 和主成分 2 分别代表了数据集中的主要方差。可以看出，通过主成分分析，我们将原始数据从 7 个维度缩减到了 2 个维度，保留了约 80% 的信息量，并且新的数据集已经可以用于后续的信用风险评估和建模工作。

同时，ChatGPT 输出了详细的特征提取代码，如 9-15 所示。

9-15　ChatGPT 生成的特征提取代码

```
import pandas as pd
import numpy as np
import matplotlib.pyplot as plt
from mpl_toolkits.mplot3d import Axes3D
from matplotlib.font_manager import FontProperties
from sklearn.decomposition import PCA

# 设置中文字体
font = FontProperties(fname='C:/Windows/Fonts/msyh.ttc', size=14)
```

```
# 读取数据
data = pd.read_excel(' 客户数据 .xlsx')

# 数据预处理：标准化
cols = [' 年龄 ', ' 收入 ', ' 负债 ', ' 信用额度 ', ' 信用评分 ']
data_std = (data[cols] - data[cols].mean()) / data[cols].std()

# 主成分分析
pca = PCA()
pca.fit(data_std)

# 计算主成分方差占比和累计方差占比
var_ratio = pca.explained_variance_ratio_
cum_var_ratio = np.cumsum(var_ratio)

# 输出主成分方差占比和累计方差占比
print(" 主成分方差占比 :", var_ratio)
print(" 累计方差占比 :", cum_var_ratio)

# 输出主成分系数矩阵
pc_df = pd.DataFrame(pca.components_, columns=cols)
print(" 主成分系数矩阵 :\n", pc_df)

# 可视化多维数据混合
fig = plt.figure(figsize=(16, 6))
ax1 = fig.add_subplot(1, 2, 1, projection='3d')
ax1.scatter(data_std[' 年 龄 '], data_std[' 收 入 '], data_std[' 负 债 '], c=data
[' 信用评分 '], cmap='cool')
ax1.set_xlabel(' 年龄 ', fontproperties=font)
ax1.set_ylabel(' 收入 ', fontproperties=font)
ax1.set_zlabel(' 负债 ', fontproperties=font)
ax1.set_title(' 多维数据混合 ', fontproperties=font)

# 可视化降维后的数据
```

```
    pca = PCA(n_components=2)
    pca.fit(data_std)
    data_pca = pca.transform(data_std)

    ax2 = fig.add_subplot(1, 2, 2)
    ax2.scatter(data_pca[data[' 信用评分 '] == 1, 0], data_pca[data[' 信用评分 ']
== 1, 1], c='r', label=' 信用评分为 1 的客户 ', marker='o', s=100)
    ax2.scatter(data_pca[data[' 信用评分 '] == 0, 0], data_pca[data[' 信用评分 ']
== 0, 1], c='b', label=' 信用评分为 0 的客户 ', marker='s', s=100)
    ax2.set_xlabel(' 第一主成分 ', fontproperties=font)
    ax2.set_ylabel(' 第二主成分 ', fontproperties=font)
    ax2.legend(prop=font)
    ax2.set_title('PCA 降维后的数据 ', fontproperties=font)

    plt.tight_layout()
    plt.show()
```

以上代码通过主成分分析（PCA）对给定的客户数据进行降维处理，并可视化展示多维数据混合的三维散点图和 PCA 降维后的二维散点图在同一张图中。首先，代码读取并标准化了给定的客户数据。其次，通过 Sklearn 库中的 PCA 类对标准化后的数据进行主成分分析，计算主成分方差占比和累计方差占比，并输出主成分系数矩阵。再次，代码通过 Matplotlib 库绘制了多维数据混合的三维散点图和 PCA 降维后的二维散点图，并将两者展示在同一张图中。最后，代码使用 tight_layout() 方法调整图形布局，使两个子图之间的空间更加合理。将以上代码复制粘贴到 PyCharm 中运行，得到的主成分方差占比和主成分系数矩阵如 9-16 所示。

9-16 主成分方差占比和主成分系数矩阵

```
    主成分方差占比 : [0.70599203 0.18991213 0.08432472 0.01516312
0.00460799]
    累计方差占比 : [0.70599203 0.89590417 0.98022889 0.99539201 1]
    主成分系数矩阵 :
```

	年龄	收入	负债	信用额度	信用评分
0	0.479188	0.464230	0.492561	0.498963	0.251574
1	−0.186924	0.385185	0.300640	−0.046589	−0.850962
2	−0.549964	0.455821	0.306688	−0.430116	0.459032
3	−0.596340	0.130993	−0.304484	0.729850	0.042756
4	−0.278130	−0.641242	0.692988	0.176591	0.005999

同时，通过 Matplot 绘制的散点图，可以很清晰地看出 PCA 对降维的贡献，如图 9.4 所示。

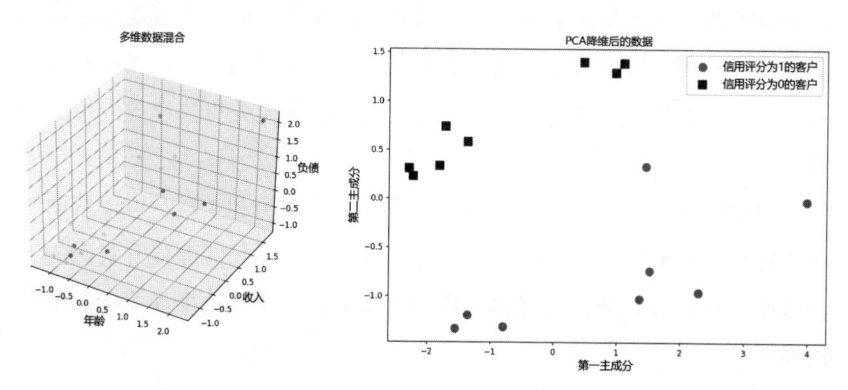

图 9.4　主成分分析（PCA）降维示意图

[!] **说明：** 我们也可以通过调用 OpenAI API 的方式来实现 PCA，但由于篇幅有限，读者可以参考前面的章节，自行实现。

综上所述，通过 ChatGPT 进行数据预处理可以实现高效且准确的特征提取、特征转换、数据标准化、归一化和缩放等操作。数据预处理在数据科学和机器学习任务中扮演着至关重要的角色。ChatGPT 作为一种强大的语言模型，具备处理文本和结构化数据的能力。利用 ChatGPT 的优势，我们能够快速有效地完成数据预处理的各个环节，为后续的数据分析和建模提供更可靠的基础。

9.3 小结

本章主要介绍了利用 ChatGPT 提升职场中的数据分析能力。首先，我们讨论了使用 ChatGPT 自动生成数据报告和进行数据可视化。通过 ChatGPT 的语言生成和图像生成能力，我们可以更快速、更精准地生成各种类型的数据报告和可视化图表。其次，我们探讨了利用 ChatGPT 进行数据清洗和预处理，包括数据清洗、缺失值填充和自动纠错。通过 ChatGPT 的自然语言理解和文本纠错能力，我们可以更高效地进行数据清洗和预处理，提高数据质量和准确性。在实际应用中，这些技能可以帮助我们更好地理解数据、发现数据之间的联系，并更快速地进行决策和解决问题。

总的来说，本章提供了一些实用性很强的技巧和工具，可以帮助读者更好地应对职场中的数据分析问题。这些技能不仅能够提升我们的工作效率，也可以让我们更好地理解和应用数据，更好地推动业务和项目的发展。

第 10 章

利用 ChatGPT 提升服务和谈判能力

在职场中，服务和谈判能力是非常重要的技能，对于个人职业发展和企业业绩都有着至关重要的作用。ChatGPT 作为最先进的自然语言处理技术之一，可以帮助我们更好地提升服务和谈判能力，实现更高效、更智能的沟通和交流。

本章主要介绍了利用 ChatGPT 提升服务和谈判能力，涉及以下知识点：

- 使用 ChatGPT 生成个性化的客户沟通方案；
- 利用 ChatGPT 构建自动客服；
- 使用 ChatGPT 生成谈判策略和建议；
- 使用 ChatGPT 模拟谈判场景。

在接下来的内容中，我们将详细探讨如何将 ChatGPT 应用于客户服务和商务谈判。通过学习和实践这些技巧，你将能够更好地满足客户需求、提高客户满意度，同时在谈判中为自己争取更有利的条件。

10.1 ChatGPT 在客户服务中的应用

在现代商业中，客户服务是非常重要的一环。提供优质的客户服务不仅可以提高客户的满意度，还可以增强客户的忠诚度，进而帮助企业赢得更多的市场份额。而 ChatGPT 作为一种先进的人工智能技术，其在客户服务中的应用也越来越受到人们的关注和追捧。

本节将详细介绍利用 ChatGPT 在客户服务中提高效率和质量，具体包括使用 ChatGPT 生成个性化的客户沟通方案和使用 ChatGPT 构建自动客服。通过本节的学习，读者可以更好地掌握 ChatGPT 在客户服务中的应用方法和技巧，提高工作效率和服务质量。

10.1.1 使用 ChatGPT 生成个性化的客户沟通方案

个性化的沟通方案可以使客户获得更好的服务体验，从而提高客户满意度和忠诚度。ChatGPT 可以根据客户的需求、喜好、历史交互记录等信息，自动生成具有个性化的沟通内容和方式，从而更好地满足客户的需求和提升客户满意度，下面通过实例进行讲解。

小李新入职一家主营办公设备的公司，该公司专注于向各类企业提供个性化的办公解决方案。作为销售人员，小李刚接手了 3 个客户的业务。为了更好地与客户沟通，她希望通过与 ChatGPT 的交互来提高自己的邮件回复水平。使用 ChatGPT 的提示语如 10-1 所示。

10-1 客户沟通提示语

我们公司是一家主营办公设备的公司，专注于向各类企业提供个性化的办公解决方案。

现在，你作为公司的销售代表，具备与潜在客户和现有客户交流的能力，以促进销售。你能够了解客户的需求和要求，并向客户介绍公司的产品和服务，解答客户的疑虑，为客户提供价值。你拥有出色的沟通能力和自我激励能力，能够明确目标并努力实现，同时具备良好的人际交往能力，能够建立和维护与客户的关系。

我刚接手了 3 个客户，他们的具体信息和部分邮件记录如下。

客户一的具体信息：Thomas Johnson，跨国公司采购总监，与公司合作时间为 5 年。

与客户一的邮件往来记录：

邮件 1：Dear [Company], I hope you are well. We are in need of 200 office chairs for our new branch office. Please send us a quote for the same. Regards, Thomas.

回复 1：Hello Thomas, thank you for reaching out. We have prepared a quote for the 200 office chairs you requested. Please find the attached file for the details. Best regards, [Former Salesperson]

邮件 2：Dear [Company], I received the quote. The price seems to be a bit higher than what we discussed last time. Could you please offer us a better deal? Thomas.

回复 2：Dear Thomas, thank you for your feedback. We understand your concern and have revised the quote with a 10% discount. Please check the updated quote in the attachment. Regards, [Former Salesperson]

客户一的新邮件：Hello, I hope you are doing well. I understand that [Former Salesperson] has left the company, and I wanted to introduce myself to the new salesperson. Looking forward to working with you. Regards, Thomas.

客户二的具体信息：张先生，小公司的普通销售，与公司合作时间为 1 年。

与客户二的邮件往来记录如下。

邮件 1：你们好，我们公司最近需要购买 50 台投影仪，请给我们发个报价单。

回复 1：张先生您好，感谢您的询问。已为您准备了报价单，请查看附件。如有疑问，请随时联系我们。祝好，[前销售员工]

邮件 2：你们好，我们收到了报价单。我们这边领导希望能够获得一些折扣，这样我们就能跟你们长期合作了。

回复 2：张先生您好，非常感谢您对我们的信任。我们愿意为您提供 8% 的折扣。请查看附件中更新后的报价单。期待与您长期合作。祝好，[前销售员工]

客户二的新邮件：你们好，听说你们换了销售员工，我想跟新的销售员工认识一下。期待与您合作。祝好，张先生。

客户三的具体信息：李女士，刚刚建立合作的新客户，负责一家中型企业的采购。

与客户三的邮件往来记录如下。

邮件 1：你好，我是李女士。我们公司想要购买 100 台多功能打印机，你们有什么推荐吗？

回复 1：李女士您好，感谢您的询问。我们有多款适合您需求的多功能打印机。已为您发送了一份产品目录，请查看附件。如有疑问，请随时联系我们。祝好，[前销售员工]

邮件 2：你好，我们查看了你们的产品目录，对型号 A 和型号 B 比较感兴趣。请问你们能给我们提供一个针对这两款打印机的详细报价吗？

回复 2：李女士您好，非常感谢您对我们产品的关注。已为您准备了针对型号 A 和型号 B 的详细报价，请查看附件。如有疑问，请随时联系我们。祝好，[前销售员工]

客户三的新邮件：你好，听说你们的销售员工发生了变动，我想认识一下新的销售员工。期待与您合作。祝好，李女士。

现在我需要回复客户一、客户二和客户三的新邮件，你能帮我写一封邮件吗？请注意以下几点：

1. 需要在邮件中简单地介绍自己。

2. 在回复的时候，需要注意客户的需求和要求，同时也要注意之前和客户的邮件往来的语气。

直接给我 3 封邮件就可以了，格式如下。

【回复客户一】：

【回复客户二】：

【回复客户三】：

ChatGPT 根据上述提示语中的需求，生成的回复如 10-2 所示。

10-2　ChatGPT 生成的回复

【回复客户一】：

Subject: Introduction and Continuing Our Business Partnership

Dear Thomas,

I hope this email finds you well. My name is [Your Name], and I am the new sales representative for [Company]. I am writing to introduce myself and to let you know that I will be handling your account from now on. I have reviewed your previous correspondence with our former salesperson and am familiar with your needs and requirements.

I am committed to maintaining the same level of service and

professionalism that you have come to expect from our company. Please do not hesitate to reach out to me if you have any questions or concerns, or if you would like to discuss any future office equipment needs. I look forward to working with you and continuing our long-lasting business relationship.

Best regards,

[Your Name]
[Your Position]
[Company]

【回复客户二】：
Subject: 自我介绍及继续合作

张先生您好，

希望这封邮件能在您心情愉快时收到。我是 [公司] 的新销售代表 [你的名字]，今后将负责您的账户。我已经仔细阅读了您与我们前任销售员工的邮件往来，对您的需求和要求有了一定了解。

我将竭力为您提供与过去相同的优质服务和专业水准。如您有任何疑问或需求，请随时与我联系。期待与您继续保持愉快的合作关系。

祝好，

[你的名字]
[你的职位]
[公司]

【回复客户三】：
Subject: 自我介绍与合作

李女士您好，

感谢您的来信。我是 [公司] 的新销售代表 [你的名字]，今后将负责您的账户。我已经仔细阅读了您与我们前任销售员工的邮件往来，对您的需求和要求有了一定了解。

我会尽我所能为您提供满意的服务和支持。如果您有任何疑问或需求，请随时与我联系。我非常期待与您合作，共同打造成功的业务关系。

祝好，

[你的名字]
[你的职位]
[公司]

当然，我们也可以通过调用 ChatGPT API 的方式来拓展上面的功能，通过 Python 读取用户和某个特定用户的邮件往来信息，可以使用 IMAP 协议，这是一种标准协议，可用于检索邮件服务器上存储的电子邮件。下面是一个示例函数，它可以检索用户和特定用户之间的所有电子邮件，并返回以往的聊天记录和最新的邮件信息，如 10-3 所示。

10-3　检索用户聊天记录和邮件信息

```
import imaplib
import email

def read_email(username, password, sender):
    # Login to email account
    mail = imaplib.IMAP4_SSL('imap.gmail.com')
    mail.login(username, password)
    mail.select('inbox')

    # Search for emails from the specified sender
    result, data = mail.search(None, f'(FROM "{sender}")')

    # Retrieve the latest email
```

```
        latest_email_id = data[0].split()[-1]
        result, data = mail.fetch(latest_email_id, '(RFC822)')
        raw_email = data[0][1]
        email_message = email.message_from_bytes(raw_email)

        # Retrieve all previous emails
        email_records = []
        for email_id in data[0].split():
            result, data = mail.fetch(email_id, '(RFC822)')
            raw_email = data[0][1]
            email_message = email.message_from_bytes(raw_email)
            email_record = f'【From】:{email_message["From"]}---【Subject】:{email_
message["Subject"]}---【Content】:{get_email_body(email_message)}'
            email_records.Append(email_record)

        # Close the mailbox
        mail.close()
        mail.Logout()

        # Return the email records and latest email
        latest_email = f'【From】:{email_message["From"]}---【Subject】:{email_
message["Subject"]}---【Content】:{get_email_body(email_message)}'
        return '\n'.join(email_records), latest_email

    def get_email_body(email_message):
        """
        Helper function to get the email body from an email message
        """
        if email_message.is_multipart():
            # If the message has multiple parts, loop over them and concatenate
the body
            body = ''
            for part in email_message.walk():
                if part.get_content_type() == 'text/plain':
```

```
                    body += part.get_payload(decode=True).decode('utf-8',
errors='ignore')
        else:
          # If the message has a single part, simply return the body
            body = email_message.get_payload(decode=True).decode('utf-8',
errors='ignore')
        return body
```

然后通过调用 ChatGPT API 的方式，来获取 ChatGPT 的答案，调用 ChatGPT API 的代码如 10-4 所示。

10-4　调用 ChatGPT API 代码

```
import os
import openai
openai.api_key = "OpenAIUtils.API_KEY"

def get_answer(previous_email, latest_email):
    _prompt = f" 我们公司是一家主营办公设备的公司，专注于向各类企业提供
个性化的办公解决方案。\n" \
                f" 现在，你作为公司的销售代表，具备与潜在客户和现有客户交流的
能力，以促进销售。" \
                f" 你能够了解客户的需求和要求，并向客户介绍公司的产品和服务，
解答客户的疑虑，为客户提供价值。你拥有出色的沟通能力和自我激励能力，能够
明确目标并努力实现，同时具备良好的人际交往能力，能够建立和维护与客户的关
系。\n" \
              f" 我刚接手了一个客户，之前的邮件记录如下：\n " \
              f"---\n" \
              f" {previous_email}\n" \
              f"---\n" \
              f" 现在，我收到了客户的最新邮件：\n" \
               f"---\n" \
               f" {latest_email}\n" \
               f"---\n" \
              f" 帮我回复这封邮件，请注意以下几点：\n" \
```

```
            f"1. 需要在邮件中简单介绍自己 \n" \
            f"2. 在回复的时候，需要注意客户的需求和要求，同时也要注意之前和客户的邮件往来的语气。"
    _messages = [{"role": "user", "content": _prompt}]
    response = openai.ChatCompletion.create(
    model="gpt-3.5-turbo",
      messages=_messages,
      temperature=0.5,
      max_tokens=150,
      frequency_penalty=0.0,
      presence_penalty=0.0,
      stop=None,
      stream=False)
    return response["choices"][0]["message"]["content"]

if __name__ == '__main__':
    previous_email, latest_email = read_email(username, password, sender)
    answer = get_answer(previous_email, latest_email)
    print(answer)
```

调用 ChatGPT API 后，最终也会输出类似的结果。

说明： 对于上面代码中的“OpenAIUtils.API_KEY”，需要用户手动填写自己账户的 Key，并且 OpenAI 会根据用户请求的 token 数来收费。

以上 3 个客户虽然问的都是新销售的情况，但是 ChatGPT 通过仔细地阅读客户往来邮件，针对每位客户的需求和要求，以及与之前销售员工的往来语气，为每位客户量身定制了回复。在这 3 封邮件的回复中，ChatGPT 展现了高度的专业素养和沟通技巧，向客户传递了诚意和关注，同时简洁明了地进行了自我介绍。这些回复充分展现了 ChatGPT 具备优秀的客户服务水平和出色的人际沟通能力。

综上所述，使用 ChatGPT 生成个性化的客户沟通方案能够大大提高企业与客户的互动质量。这种智能化的沟通方式不仅能够深入了解客户需求，还能迅速调整回复策略以满足不同客户的期望。通过 ChatGPT 专业、友善和高度定制化的回复，企业能够树立良好的形象，稳固并拓展客户关系，从而提高客户满意度和企业的市场竞争力。在当前激烈的商业竞争环境中，ChatGPT 无疑是企业提升客户服务水平的利器。

10.1.2 利用 ChatGPT 构建自动客服

利用 ChatGPT 构建自动客服是一种新兴的客服解决方案，可以大大提高客户服务的效率和满意度。通过 ChatGPT，我们可以让自动客服具备智能化的对话能力，从而根据客户的需求和问题，自动回复相关的解决方案。利用 ChatGPT 构建自动客服可以有效地减轻客服工作压力，提高客户的满意度。下面通过实例进行讲解。

小美新入职一家家纺公司，担任客服。因为公司的床上用品种类较多，为了避免回答问题的时候出错，小美借助了 ChatGPT，提示语如 10-5 所示。

10-5 客服提示语

我们公司主要销售床上四件套，包括床单、被套和两个枕套，每款产品都有多种颜色和款式，以适应不同消费者的需求和喜好。

现在，作为公司的金牌客服，你具备专业的产品知识和出色的服务态度，能够为客户提供全方位的咨询和解答，包括产品特性、材质、洗护方法等。同时，你能够根据客户的实际需求，推荐最适合的产品款式和颜色，并提供详细的购买指导和售后服务，确保客户的购物体验和满意度。

我们公司现在线上主推 5 款产品，具体如下。

产品 1：棉麻四件套

材质：70% 棉，30% 麻混纺

面料：60 支纯棉

织法：全棉贡缎

适用床尺寸：1.5/1.8/2.0 米床

重量：被套 1100g，床单 900g，枕套 190g

特点：棉麻混纺，透气性良好，手感柔软，颜色简约，质感舒适。

产品 2：亚麻四件套

材质：亚麻纤维

面料：60 支纯棉

织法：全棉贡缎

适用床尺寸：1.5/1.8/2.0 米床

重量：被套 1100g，床单 900g，枕套 190g

特点：亚麻纤维，手感柔软，透气性良好，印花图案精美，亚麻的特殊纹理在布面上呈现出自然质感。

产品 3：长绒棉四件套

材质：长绒棉

面料：60 支纯棉

织法：全棉贡缎

适用床尺寸：1.5/1.8/2.0 米床

重量：被套 1200g，床单 950g，枕套 200g

特点：长绒棉纤维细长柔韧，手感柔软舒适，透气性好，质地厚实且细腻，呈现出自然纹理。

产品 4：纯棉四件套

材质：纯棉

面料：60 支纯棉

织法：全棉贡缎

适用床尺寸：1.5/1.8/2.0 米床

重量：被套 1100g，床单 900g，枕套 190g

特点：纯棉材质，柔软亲肤，透气性好，吸汗性强，颜色简约，质感温和舒适。

产品 5：天丝四件套

材质：100% 天丝

面料：60 支纯棉

织法：全棉贡缎

适用床尺寸：1.5/1.8/2.0 米床

重量：被套 1200g，床单 950g，枕套 200g

特点：天丝材质，具有丝绸般的光泽、质地柔软，透气性好，吸湿性强，颜色鲜艳，印花图案精美，富有华丽感。

以下是之前的聊天记录。

【用户】：您好，我看中了你们的亚麻四件套，但是我担心洗涤后会变形或者褪色，这个问题有解决办法吗？

【客服】：您好，我们的亚麻四件套面料采用亚麻纤维和纯棉混纺，为了避免变形或褪色的问题，我们建议您在洗涤时避免使用热水和强力洗涤剂，并在洗涤前里外翻转，以保持其色彩和形状。

【用户】：好的，谢谢您的建议。我还有一个问题，你们的枕套是标准尺寸吗？如果不是，能否提供定制服务？

【客服】：我们的枕套尺寸为 48cm*74cm，是标准尺寸。如果您需要定制其他尺寸的枕套，我们也可以为您提供定制服务。您可以告知您的需求和尺寸，我们会尽快为您提供相应的方案和报价。

【用户】：好的，谢谢您的回复。还有一个问题，我看到你们的棉麻四件套是由 70% 棉和 30% 麻混纺而成，这种比例的棉和麻混纺在舒适度和质量上有什么优势吗？

【客服】：棉麻混纺的比例会影响到舒适度和质量。我们的棉麻四件套采用 70% 棉和 30% 麻混纺，相对于其他比例，这种混纺比例更能平衡棉和麻的优点，使床上四件套更加柔软、透气和舒适。同时，这种比例的棉麻混纺还具有抗菌、防潮、防皱和易打理的特点，非常适合日常使用。

最新的用户问题如下，请根据上面的信息和之前的聊天记录内容，帮我回复。

【用户】：我想问一下，您们的长绒棉四件套是采用什么样的材质呢？有没有不同等级的长绒棉？

请直接从你的专业角度，帮我生成答案。

ChatGPT 根据以上内容给出的专业答复如 10-6 所示。

10-6　ChatGPT 给出的答复

我们的长绒棉四件套采用的是高品质的埃及长绒棉材质，这是一种优质的长绒棉，纤维细长柔韧，手感柔软舒适，透气性好，质地厚实且细腻，呈现出自然纹理。在长绒棉的等级中，埃及长绒棉被认为是最高级别的长绒棉之一，也是最为常见的一种长绒棉材质。

ChatGPT 的答复给出了长绒棉四件套采用的材质，并针对该材质的优点进行了具体的介绍，同时还回答了用户对不同等级长绒棉的提问。这样的回复不仅能够解决用户的问题，还能够增强用户对产品的信心和满意度，展现了公司的专业性和用心。

除了将上面所有信息都输入 ChatGPT 对话框，并复制粘贴 ChatGPT

的答复，我们可以通过调用 ChatGPT API 的方式来实现自动客服，示例代码如 10-7 所示。

10-7 调用 ChatGPT API 实现自动客服代码

```
import requests
import itchat
import openai
import configparser

openai.api_key = "OpenAIUtils.API_KEY"

def read_message(access_token, start_time, end_time):
  # 构造 API 请求 URL，获取淘宝聊天记录
  url = 'http://gw.api.taobao.com/router/rest'
  method = 'taobao.trades.sold.get'
  app_key = 'your_app_key'
  app_secret = 'your_app_secret'
  fields = 'tid, buyer_nick, created'
  page_size = 100
  params = {
    'method': method,
    'app_key': app_key,
    'format': 'json',
    'v': '2.0',
    'sign_method': 'md5',
    'fields': fields,
    'page_size': page_size,
    'start_created': start_time,
    'end_created': end_time,
    'access_token': access_token,
  }
  response = requests.get(url, params=params)
  data = response.json()
  trade_list = data['trades_sold_get_response']['trades']['trade']
```

```
        chat_history = []
        for trade in trade_list:
            chat_history.append(trade['buyer_nick'] + ': ' + trade['tid'])

        # 登录微信，获取最新消息
        itchat.auto_login(hotReload=True)
        latest_message = itchat.search_friends().get('UserName')

        return chat_history, latest_message



    def get_answer(product_information，previous_communication, latest_
message):
        _prompt = f" 我们公司主要销售床上四件套，包括床单、被套和两个枕套，
每款产品都有多种颜色和款式，以适应不同消费者的需求和喜好。\n"
                  f" 现在，作为公司的金牌客服，你具备专业的产品知识和出色的服务
态度，能够为客户提供全方位的咨询和解答，包括产品特性、材质、洗护方法等。" \
                  f" 同时，你能够根据客户的实际需求，推荐最适合的产品款式和颜色，
并提供详细的购买指导和售后服务，确保客户的购物体验和满意度。\n" \
                  f" 公司产品信息如下：\n " \
                  f"---\n" \
                  f" {product_information}\n" \
                  f"---\n" \
                  f" 之前的聊天记录如下。\n "
                  f"---\n"
                  f" {previous_communication}\n"
                  f"---\n"
                  f" 最新的用户问题如下，请根据上面的信息和之前的聊天记录内容，
帮我回复。\n"
                  f"---\n"
                  f" {latest_message}\n"
                  f"---\n" \
                  f" 请你提供回复，注意客户的需求和要求，同时也要注意之前的聊天
记录，尽可能在回复中引用之前的信息和语气。"
        _messages = [{"role": "user", "content": _prompt}]
```

```
        response = openai.ChatCompletion.create(
        model="gpt-3.5-turbo",
            messages=_messages,
            temperature=0.5,
            max_tokens=150,
            frequency_penalty=0.0,
            presence_penalty=0.0,
            stop=None,
            stream=False)
        return response["choices"][0]["message"]["content"]

    if __name__ == '__main__':
        config = configparser.ConfigParser()
        config.read('config.ini')
        product_information = config.get('Product', 'product_information')
        previous_communication, latest_message = read_message(access_
token, start_time, end_time)
        answer = get_answer(product_information，previous_communication,
latest_message)
        print(answer)
```

通过调用ChatGPT API代码，这样就可以实现自动化客服的功能了。

说明： 上面代码在获取聊天记录和实时信息部分只是示例，读者可根据自己的实际情况，改写这一部分内容。并且，其中的“OpenAIUtils.API_KEY”需要用户手动填写自己账户的Key，并且OpenAI会根据用户请求的token数来收费。

总的来说，利用ChatGPT构建自动客服是一种高效、可靠且效益高的方法。通过ChatGPT，企业可以提供24小时全天候的客服支持，包括回答客户的问题、解决问题和提供支持。这样可以提高客户的满意度，并减少企业在客服方面的成本和时间投入。ChatGPT拥有强大的语言处理能力，可以快速识别客户提出的问题并给出准确的答案，同时还能够

进行智能化的对话，提高客户体验。此外，ChatGPT 还可以通过不断的学习和优化，不断提升自身的响应速度和准确性，满足客户的不断变化的需求。

10.2 ChatGPT 在商务谈判中的应用

商务谈判是现代商业中不可避免的一部分，而 ChatGPT 可以利用其先进的自然语言生成技术，在商务谈判中发挥重要作用。本节将进一步介绍如何使用 ChatGPT 在商务谈判中生成策略和建议，以及如何模拟谈判场景。

10.2.1 使用 ChatGPT 生成谈判策略和建议

在商务谈判中，制定有效的谈判策略和建议是非常重要的，这有助于在谈判中达成更好的结果。ChatGPT 可以利用其生成文本的能力，帮助用户生成个性化的谈判策略和建议。通过输入一些关键信息，如参与谈判的双方、谈判的目标和限制条件等，ChatGPT 可以生成一个基于人工智能的谈判策略，并提供一些具有指导性的建议。下面通过实例进行讲解。

老李是一家跨国科技公司的采购经理。他需要与智能芯片有限公司（以下简称智芯公司）的代表老张进行谈判，以达成一项关于购买大量定制芯片的协议。他通过将信息输入 ChatGPT 来寻求谈判的策略和建议，提示语如 10-8 所示。

10-8 谈判提示语

现在你是芯片和 IT 领域的谈判专家。你具备行业趋势、产品特性和知识产权等方面的专业知识和技能。你具有技术沟通能力和商业谈判能力，能与技术人员和商业合作伙伴进行有效沟通和谈判。此外，你熟悉市场和竞争对手情况，可以制定合适的策略，维护良好的人际关系，以便在谈判中保护自己的权益并达成协议。

我叫老李，是一家跨国科技公司的采购经理。我需要与智能芯片有限公司（以下简称智芯公司）的代表老张进行谈判，以达成一项关于购买大量定制芯片的协议。

以下是这次谈判的背景信息。

参与谈判的双方：

老李（跨国科技公司采购经理）

老张（智芯公司代表）

[谈判目标]

购买定制芯片的数量和价格：购买 5 万个高性能定制芯片，单价在 50 美元以内。

产品质量保证：要求 99.5% 的合格率，并在出现质量问题时能够免费替换。

交货期限：签订合同后的 3 个月内全部交货。

合同期限及续约条件：签订为期一年的合同，合同到期后，根据合作情况可选择续约。

[限制条件]

预算有限：老李所在的公司设定了一个预算上限，总花费不能超过 250 万美元。

产品需求：老李的公司对芯片的性能和质量有严格的要求，要求芯片能够在高温、高湿等恶劣环境下稳定工作。

交货时间：老李的公司新产品发布时间紧迫，因此交货时间非常重要。

长期合作：双方都希望建立长期合作关系，以降低未来的采购成本和风险。

[其他维度的信息]

老李公司的市场份额：在全球市场占有率为 20%。

智芯公司的竞争力：在芯片制造领域具有领先技术，市场份额约为 15%。

双方合作历史：在过去的 5 年里，双方曾就其他项目达成合作。

根据以上信息，你应该如何制定谈判策略，以便在谈判中达成协议？

请直接给我谈判的策略和步骤。

ChatGPT 根据上述需求给出了详细的谈判策略和步骤，如 10-9 所示。

10-9　ChatGPT 给出的谈判策略和步骤

作为谈判专家，我建议您在与智芯公司代表老张进行谈判时，采取以下策略和步骤。

确定谈判目标和利益点：

在与老张进行谈判之前，您需要明确您的谈判目标和利益点。在本次谈判中，您的目标是购买 5 万个高性能定制芯片，单价在 50 美元以内，并且要求 99.5% 的合格率和在出现质量问题时能够免费替换。同时，您需要在 250 万美元的预算限制内完成谈判，并确保芯片能够在高温、高湿等恶劣环境下稳定工作，以满足新产品发布时间的需求。

了解对方利益点和立场：

在谈判前，了解智芯公司的利益点和立场是非常重要的。智芯公司具有领先技术，市场份额约为 15%，因此他们可能希望在定价和交货期限等方面争取更多的利益。同时，您需要了解智芯公司的利益点，以便在谈判中使双方都获得最大利益。

制订谈判计划：

在制订谈判计划时，您需要考虑各种因素，包括谈判目标、对方立场、自身利益点等。您可以制订多个方案，以便在谈判中根据对方反应和情况做出相应调整。

开始谈判：

在谈判开始时，您需要保持冷静和理智，避免情绪化的反应和过度妥协。首先，您可以表达对智芯公司的赞赏，并重申双方合作历史，以增加彼此之间的信任和友好气氛。然后，您可以阐述您的需求和目标，并请求对方提供相应的解决方案。

展示自己的谈判筹码：

在谈判过程中，您可以逐步展示自己的谈判筹码，以争取更好的条件。例如，您可以强调您公司的市场份额，并暗示您的采购对智芯公司的业务增长有重要意义。您还可以提供一些额外的利益，如长期合作的前景，以吸引对方的注意力和兴趣。

善于妥协：

在谈判中，妥协是不可避免的。您可以在保持自身利益点的同时，寻找一些可以妥协的方面，以便与对方达成协议。例如，您可以考虑在交货期限和价格方面做出一些妥协，以获得对方在质量保证方面的更多承诺和支持。

确认协议：

在谈判达成协议后，您需要确保双方对协议的理解和认可。您可以对协议条款进行概括，并明确双方的责任和义务。双方可以签署正式合同以确认协议内容。

总体来说，成功的谈判需要对双方的利益点有深入的了解，并采取恰当的策略和步骤。您需要保持冷静和理智，并善于妥协，以便在保持自身利益点的前提下，与对方达成合适的协议。

以上策略涵盖了谈判前的准备、了解对方利益点和立场、制订计划、展示谈判筹码、善于妥协及确认协议等多个方面。这些策略不仅可以帮助老李在谈判中达成协议，而且能够在保持自身利益点的同时，维护与对方的良好关系。这些策略体现了高效、成熟和专业的谈判技巧，是成功谈判的关键所在。

综上所述，ChatGPT 作为一款先进的人工智能语言模型，具备深入了解行业趋势、产品特性和知识产权等方面的专业知识和技能。借助 ChatGPT 的谈判策略和建议，用户可以更加自信和有效地与对方进行谈判，从而取得更好的谈判结果。

10.2.2 使用 ChatGPT 模拟谈判场景

除了生成谈判策略和建议，ChatGPT 还可以模拟谈判场景，以帮助用户更好地准备和规划自己的谈判。用户可以在 ChatGPT 中输入谈判场景的相关信息，如参与谈判的双方、场景和目标等，创建一个虚拟的谈判环境。在这个虚拟环境中，ChatGPT 可以扮演对方谈判人员的角色，提出各种可能的问题和反驳，从而帮助用户在真正的谈判中更好地应对各种情况。

还是以老李和老张谈判为例，我们可以让 ChatGPT 扮演老张，模拟谈判场景。对话内容如 10-10 所示。

10-10　ChatGPT 模拟谈判的对话内容

【老李】: 现在你扮演老张的角色，根据上面的内容，我们来模拟一次商务谈判。请你根据对话内容，选择合适的回答。明白吗?

【ChatGPT】：明白，我将会尽力扮演好老张的角色。

【老李】：好的，谈判开始。感谢您能够与我们进行这次谈判。我们公司需要购买 5 万个高性能定制芯片，单价在 50 美元以内。同时，我们需要确保芯片能够在高温、高湿等恶劣环境下稳定工作，并要求 99.5% 的合格率和在出现质量问题时能够免费替换。我们的预算上限是 250 万美元。我们希望能够在签订合同后的 3 个月内完成全部交货。在合同期限到期后，我们希望能够根据合作情况选择是否续约。您觉得这些条件是否可行?

【ChatGPT】：非常感谢您的关注和信任。我们理解您的需求，并会尽力为您提供满意的方案。不过，由于我们生产的芯片具有领先技术和高品质，价格方面可能会有一些差异。我们可以根据您的需求和预算，为您提供最优的方案。另外，我们可以为您提供高品质的芯片，并承诺在出现质量问题时能够免费替换。我们希望能够与您建立长期的合作关系，以降低未来采购成本和风险。

【老李】：我们非常赞赏您的技术和品质，但我们需要考虑到我们公司的利益。我们希望能够以 50 美元以下的单价购买芯片，并确保高品质和稳定性能。我们公司在全球市场上占有 20% 的份额，如果我们能够与您建立长期合作关系，不仅对您的业务增长有利，对我们也是一种合作共赢。您是否能够考虑降低单价，以满足我们的需求?

【ChatGPT】：我们非常重视与您的合作，我们可以考虑降低单价，不过您也需要考虑到我们的生产成本和利润。我们可以在质量保证和交货期限等方面给予您更多的支持，以满足您的需求。另外，我们在芯片生产领域具有领先的技术和经验，可以为您提供专业的技术支持和售后服务。

【老李】：我们理解您对于生产成本和利润的考虑，但我们需要在预算限制内完成采购，并确保芯片能够满足我们的需求和要求。我们希望能够在价格和质量保证方面找到一个平衡点。我们可以在交货期限和其他方面做出一些妥协，以便达成协议。另外，我们过去 5 年里曾与您有过合作，我们非常珍视这种合作关系。如果我们能够达成协议并建立长期合作关系，相信双方都能够受益。

【ChatGPT】：我们非常感谢您的合作态度和妥协精神。我们也认为建立长期合作关系对双方都是有益的。在考虑了您的需求和限制条件后，我们可以接受 50 美元以下的单价，并为您提供 99.5% 的合格率和在出现质量问题时免费替换。我们可以保证在 3 个月内完成全部交货，并且可以签订为期一年的合同，合同期限到期后可以根据合作情况选择是否续约。如果您能够为我们提供更多的长期合作机会，我们也可以在价格和其他方面给予您更多的支持和优惠。

【老李】：非常感谢您的配合和支持。我们非常欣赏您的技术和服务，相信我们能够在这个项目中达成协议，并建立长期的合作关系。我们可以签订正式合同以确认协议内容。另外，我们也希望能够在未来的合作中，共同发展和进步。

【ChatGPT】：非常感谢您的信任和支持，我们也非常期待能够与您建立长期的合作关系。在合同签订后，我们将立即开始生产，并确保在规定的交货期限内完成全部交货。另外，我们也会提供全面的技术支持和售后服务，以确保您能够获得最优质的产品和服务。

【老李】：非常感谢您的承诺和支持。我们将尽快签署正式合同，并按照协议付款。另外，我们希望能够定期进行交流和沟通，以确保我们能够及时解决任何可能出现的问题，并推进合作关系的发展。

【ChatGPT】：非常感谢您的提醒和建议，我们也认为定期交流和沟通非常重要。我们期待与您保持良好的沟通和合作，共同推动合作的进展。如果您需要任何帮助或支持，请随时与我们联系，我们将尽快为您提供满意的解决方案。

以上是一次可能的模拟谈判过程，其中涉及双方的利益点、谈判策略和步骤等。在实际谈判中，还需要根据具体情况做出相应的调整和决策，以达成最优的协议。

使用 ChatGPT 模拟谈判场景是一种有效的练习方式，可以帮助人们提高谈判技巧和增加谈判经验。在使用 ChatGPT 进行模拟时，可以输入各种不同的场景和话题，让 ChatGPT 自动生成对话，并尝试回答对方可能提出的各种问题和异议。通过这种方式，人们可以练习应对各种谈判情况，从而提高沟通和交流的技巧。此外，ChatGPT 还可以根据谈判对象的语言、情感和行为等方面进行回应，从而让模拟更加真实和贴近实际谈判场景。

注意： 由于 ChatGPT 仅是一个计算机程序，无法感知和理解情感和人际关系等因素。因此，在进行模拟时，可能会出现不真实或不合适的回答。为避免误导或偏见的产生，需要明确 ChatGPT 的限制和功能，并结合实际情况进行调整。

10.3 小结

本章介绍了 ChatGPT 在服务和谈判领域的应用。在客户服务方面，ChatGPT 可以生成个性化的客户沟通方案，帮助企业提升客户体验和满意度。同时，利用 ChatGPT 构建自动客服可以节省人力成本，提高服务效率。在商务谈判方面，ChatGPT 可以生成谈判策略和建议，并且可以模拟谈判场景，帮助企业制定更加有效的谈判方案和策略。这些应用可以有效提升企业在服务和谈判方面的竞争力。

总之，ChatGPT 作为一种人工智能技术，在职场竞争中发挥着越来越重要的作用，它的应用也在不断地扩展和深化。企业可以通过合理利用 ChatGPT 的技术优势来提升自身在服务和谈判方面的竞争力，从而取得更好的业绩和效益。